미용 상담 심리 마케팅

미용 상담 심리 마케팅

이범식 · 전소현 지음

구민사
Technology Computer

epilogue

뷰티 산업에 있어서도 최근 고객의 요구가 복잡해지고, 다양해짐에 따라 마케팅 기법이나 상담 기법 또한 10인 10색의 '대중 분류' 시대에서 1인 1색의 '소중 분류' 시대로 접어들게 되었다.

'상담'이라는 용어는 일반적으로 알고 있듯 생활이나 일신상의 문제를 본인 스스로 해결할 수 있도록 조언하는 일을 말한다. 우리가 흔히 친구의 고충을 들어주거나, 가족의 일원이 겪는 어려움에 대해 조언하는 것도 모두 넓은 범위에서의 상담 행위의 하나라고 할 수 있다.

이런 상담 기법은 오늘날 임상(臨床), 교육, 산업, 인사 등의 현장에서 널리 쓰이고 있다.

따라서, 기본적인 고객 응대 과정에서의 상담은 고객의 심리를 바탕으로 하되 가족, 친구, 동료와 같은 단순한 친목 관계에 그치지 않고 서로 상담하고 긴밀하게 교감하는 '카운슬링'의 관계로 변화해야 고객의 욕구나 니즈(NEEDS)에 조금이라도 부합할 수 있다.

뷰티 살롱에서의 '고객 접객 서비스'를 뜻하는 CS 교육은 'Customer Service'에서 'Customer Satisfaction'으로 진화한지 오래다.

경쟁력 있는 헤어 미용실이나 피부 관리실을 만들기 위해서는 먼저 고객의 마음을 읽고, 획일화된 고객 서비스를 넘어서는 감동을 선사해야만 하는 것이다. 따라서 고객 심리 상태를 파악하는 것은 상담 기법의 필연이며, 나아가 고객을 모으는 중요한 마케팅 수단이 되는 것이다.

이 책에서는 크게 1부와 2부로 나누어 고객 심리를 기초로 한 상담 기법과 소비자 심리 마케팅으로 구성하였다.

'知彼知己, 百戰不殆'라 하였다. '상대방을 알고, 나를 알면 위태로움이 없다.'는 손자병법의 한자 성어를 굳이 인용하지 않더라도 고객의 니즈를 알고, 고객 한 명 한 명을 전략적 감성으로 대응하는 것이 한 사람의 고객이 또 다른 고객을 창출시키는 중요한 마케팅 기법임이 책의 핵심이라 하겠다.

지금 이 시간에도 헤어 미용실이나 피부 관리실 현장에서 고객과의 상담에 여념이 없는 모든 미용인과 이제 막 시작하는 미용 대학의 학생들에게 조금이나마 도움이 되었으면 하는 바람이다.

끝으로 이 책이 발간되기까지 헌신적인 조력을 아껴주지 않았던 공동 저자이자 아내 전소현과 아들 동형에게 감사드리고, 이 책이 빛을 볼 수 있게 도와주신 도서출판 구민사 조규백 사장님 및 임직원, 제오헤어 신용진 대표님께 감사의 뜻을 전하고 싶다.

대표저자 **이범식** 올림

contents

1 고객 상담 심리

2 소비자 심리 마케팅

고객 상담 심리

미용 상담 심리 마케팅

1 고객 상담 개념 정리와 선행 8단계

1 상담과 커뮤니케이션

1) 상담의 개념과 정의

(1) 상담이란?

① 내담자와 상담자 간의 상호작용을 통하여 내담자의 성장·발전을 도모하는 심리적 조력 과정이다.

② 상담은 내담자와 상담자 간에 수용적이고 구조화된 관계를 형성한 후, 이 관계 속에서 내담자가 자기 자신과 환경에 대해 의미 있는 이해를 증진하도록 함으로써 내담자 스스로가 효율적으로 의사결정을 하고 여러 심리적인 특성을 긍정적인 방향으로 변화시키도록 원조하는 과정을 뜻한다.

(2) 커뮤니케이션의 개념과 정의

① 커뮤니케이션이란?

㉠ 커뮤니케이션의 어원은 라틴어의 '나누다'를 의미하는 'communicare'에서 파생

㉡ 사람들끼리 서로 생각, 느낌과 같은 정보를 주고받는 일

㉢ 말이나 글, 그 밖의 소리, 표정, 몸짓 등으로 이루어진다.

㉣ 커뮤니케이션은 '의사소통'이 일어나는 양방향의 대화

② **매러비안의 법칙**

㉠ 말의 내용(단어)이 전체 커뮤니케이션에서 차지하는 비중은 7%에 불과하며, 그 외의 목소리, 표정, 태도가 93% 정도를 차지한다.

㉡ 즉, 커뮤니케이션에 있어 어떤 말을 하느냐 보다 어떻게 말을 하느냐가 중요하다.

(3) 커뮤니케이션의 확장적 개념

① **커뮤니케이션 구성 요소**

㉠ 전달자 : 커뮤니케이션에서 이야기를 하는 사람

㉡ 수신자 : 커뮤니케이션에서 이야기를 듣는 사람

㉢ 메시지 : 전달자가 이야기하는 내용

㉣ 피드백 : 수신자의 의견

㉤ 환경 : 커뮤니케이션에 참여하고 있는 사람들을 둘러싼 분위기, 주변의 상황 등

㉥ 잡음 : 커뮤니케이션의 집중을 방해하는 주변의 방해 요소

② **비언어적 커뮤니케이션의 3요소**

요소	청각적	시각적	태도적
내용	• 말의 속도 • 목소리의 높낮이 등 • 억양	• 상대의 눈빛 • 표정 등 • 시선	• 손짓 • 헤어스타일 • 몸짓 • 옷차림 등 • 자세

③ **커뮤니케이션의 오류**

㉠ 오류의 발생 : 커뮤니케이션의 다양한 구성 요소와 전달자 및 수신자의 개인적인 경험, 가치관, 역할 등에서 오는 필터로 인해 발생한다.

㉡ 오류 발생의 원인

- 문제를 어떻게 받아들이느냐와 관련한 "인식과 경험의 차이"
- 수직적인 관계인가 혹은 수평적인 관계인가와 관련한 "관계성의 차이"
- 사투리, 애매한 표현, 발음 등 "언어 습관의 차이"
- 상황 변화에 따른 차이
- 가치 기준의 차이
- 역할, 성격, 문화, 성별, 나이 등의 차이

2 경청과 상담 선행 8단계

1) 스티븐 코비의 경청 5단계

STEP 1	STEP 2	STEP 3	STEP 4	STEP 5
무시하기	듣는 척하기	선택적 듣기	귀 기울여 듣기	공감적 경청

2) 경청의 확장적 개념

(1) 경청이 안 되는 이유?

① 자신이 할 이야기를 생각하고 있기 때문

② 상대의 이야기를 내 경험에 비추어 생각하기 때문

③ 상대의 이야기를 평가하고 나의 기준으로 판단하기 때문

④ 다른 생각을 하고 있기 때문

⑤ 심신이 피로하여 집중하지 못하기 때문

(2) 경청의 기술 : 표정

① 표정을 통해 상대방의 기분, 감정, 현재의 상태 등을 파악할 수 있으며, 자신의 기분, 감정 등도 표정을 통해 전달 가능하다.

② 호감가는 표정, 좋은 표정은 미소로 대변되며, 이는 얼굴 근육의 스트레칭, 미소 연습을 통해 만들 수 있다.

(3) 경청의 기술 : 목소리

① **좋은 목소리** : 친절한, 부드러운, 밝은, 건강한, 자신감 있는, 미소를 담은 등의 긍정적인 감정을 느끼게 하는 목소리

② 목소리의 문제는 신체 이완, 공명 연습, 명확한 발음 연습, 어려운 발음 연습 및 적절한 Pause의 사용을 통해 개선할 수 있다.

(4) 경청의 기술 : 바디랭귀지

① 커뮤니케이션 장면에서 상대방에게 '이야기에 집중하고 있다, 관심이 있다'는 긍정적인 마음을 전달할 수 있는 적절한 바디랭귀지의 사용이 필요하다.

② 비즈니스 상황에서 너무 가까운 거리는 불편함을 초래할 수 있으므로 상대방과의 관계(친밀도)를 고려한 Body Zone의 유지도 중요한 요소이다.

3) 상담 BODY ZONE

(1) 상담 시 적절한 BODY ZONE

거리	내용
1m 이내	신뢰관계가 형성되었을 때의 거리
1~2m	일반적인 비즈니스 관계에서 편안함을 느끼며 대화할 수 있는 거리
2~4m	대화를 나누기에는 부적합. 상대의 표정, 행동 등을 살피며 대화의 시기를 관찰할 때 유지하는 거리
4m 이상	상대의 움직임을 파악하기도 어렵고 상대방이 대화를 원한다는 몸짓을 하여도 즉시 응대하기 어려운 거리

3 공감과 원활한 상담을 위한 판단요소

1) 공감의 개념과 정의

(1) 공감이란?

① 공감은 자신의 마음을 비우고 상대의 마음을 있는 그대로 명료하게 이해하기 위해 상대의 이야기에 집중한다는 것이며, 내가 이해한 상대의 마음을 그대로 표현하여 확인하는 것이다.

② 즉, 상대방이 처한 상황이나 환경을 있는 그대로 바라보며, 상대방의 이야기에 주의를 기울여 집중하여 들으며, 상대방에게 들은 내용을 반복 확인함으로써 상대방이 지금 느끼고 있는 감정을 이해하고 상대도 내가 확인하는 이야기를 들음으로써 이해 받고 있다고 느끼는 것이 진정한 공감이다.

2) 공감의 3요소

(1) 공감의 3요소 : 관심 보이기

① 언어적으로 대화에 관심이 있다는 것을 표현한다.

② 뿐만 아니라 비언어적(태도)으로도 상대와의 대화에 관심이 있다는 것을 표현한다.

③ 예를 들어 눈을 마주치고(Eye Contact), 상대의 이야기에 적절한 맞장구를 하고, 고개를 끄덕이는 등의 행동을 통해 관심을 표현한다.

④ 가능하면 메모를 하거나 몸을 당겨서 앉는 등의 적극적인 관심을 표현하는 것도 좋다.

(2) 공감의 3요소 : 반복하기

① 관심을 보이며 상대의 이야기를 듣고 맞장구를 치는 것보다 이야기를 잘 듣고 있으며 이해하고 있다는 것을 보여주는 방법이다.

② 상대의 이야기를 들은 그대로 반복하는 것이 아니라

㉠ 반복하기 : 들은 내용을 반복하여 확인한다.

㉡ 바꾸어 말하기 : 들은 내용을 나의 언어로 바꾸어 표현한다.

㉢ 요약하기 : 들은 내용을 요약하여 이야기하고 상대에게 확인한다.

③ **공감의 3요소** : 감정 이입하기

㉠ 상대의 감정이나 느낌을 추측하면서 이해하려고 노력하는 단계이다.

㉡ 추측하는 것뿐만 아니라 내가 추측한 상대의 감정을 말로 표현하여 확인한다.

㉢ 내가 상대의 말의 내용뿐 아니라 감정도 이해하고 있다는 것을 표현하여 알도록 하는 것이다.

㉣ 예를 들어 "~기분이 드시나 봐요.", "~생각 때문에 속상하신가 봐요." 등으로 표현하는 것을 말한다.

3) 공감을 방해하는 요소

(1) 공감을 방해하는 3요소

요소	내용
바디랭귀지 (태도)	· 팔짱끼는 자세(불안, 공격, 방어적인 인상) · 불안함을 나타내는 자세 · 이야기의 마무리를 의미하는 자세 · 기타(지나친 자신감, 공격)
표정	· 입술을 꽉 다문 표정(거부) · 코웃음을 치는 것 같은 표정(비웃음) · 미간에 주름을 잡는 표정(짜증) · 무표정(무관심)
목소리	· 차갑게 쏘아붙이는 목소리　· 거칠고 쉰듯한 목소리 · 퉁명스런 목소리　· 무기력한 목소리

4) 고객과의 공감 효과

(1) 고객과 진정으로 공감하게 되면

① 고객은 자신이 진정 원하고 바라고 필요한 것을 인식할 수 있게 문제의 해답을 찾을 수 있다.

② 고객을 지적 이해가 아닌 마음으로 이해하게 됨으로써 고객이 진정 원하는 것을 인식할 수 있다.

③ 많은 대화를 나누지 않더라도 서로가 원하는 것을 충분히 알고 서로 소통할 수 있다.

④ 고객과 내가 원하는 것을 같이 이룰 수 있는 상생(相生)의 길을 갈 수 있게 된다.

5) 원활한 상담을 위한 판단 요소

(1) 현실 판단

① 여러 가지 상황에 대해 직접 관찰하거나 자신의 경험, 지식, 다른 정보를 가지고 판단한다.

② 현실 판단은 나름대로의 정보와 지식, 관찰한 내용을 가지고 내리는 결론이므로 관찰이라고 생각할 수 있다. 하지만 경제 상황이나 정치적인 견해를 이야기 하다 보면 접하는 정보가 유사함에도 불구하고 의견이 다른 경우가 많이 있다.

③ 개인은 현실 판단이 합리적이고 관찰한 사실을 근거로 하고 있다고 생각하더라도 자신의 생각이 내포된 것이므로 관찰이라기보다는 판단에 가깝다.

(2) 도덕적 판단

① 선–악, 옳고 그름, 좋고 나쁨, 잘–잘못, 도덕–부도덕, 바람직함–바람직하지 못함 등을 의미한다.

② 도덕적인 판단은 관습, 규범, 상식, 도덕성 등에 비추어 나름대로 판단하고 평가하지만 상대는 나와 다른 도덕적 판단 기준을 가지고 있기 때문에 객관적인 판단이라고 보기 어렵다.

③ 부정적인 판단뿐 아니라 긍정적인 도덕적 판단 표현이기도 하다.

(3) 가치 판단

① 가치가 있다－없다, 중요하다－중요하지 않다, 필요하다－필요하지 않다 등의 가치 판단은 내가 원하고 필요로 하는 것과 관련이 있다.

② 원하고 필요로 하는 것은 개인마다 차이가 있기 때문에 이런 가치 판단도 대화의 단절을 가져오는 표현이 될 수 있다.

(4) 사실과 추측의 혼동

① 있는 그대로의 사실과 추측을 혼동하기 쉽다.

② 사실을 있는 그대로 관찰하기 위해서는 추측과 사실을 구분하는 노력이 필요하다.

(5) 비교하기

① 비교하기와 주관적 해석하기는 대화의 단절을 초래하는 가장 쉽고 빠른 방법이다.

② 자신보다 우월한 상대와의 비교를 통해 자신감을 상실하고 상대가 자신을 인정해 주지 않는다는 기분을 들게 하는 것을 말하며, 상대와의 단절을 초래한다.

③ 커뮤니케이션 갈등을 초래하고 자발적인 참여를 저해하는 역할을 한다.

④ 이런 열등감의 극복을 위해 우월해지기 위해 노력을 하거나 더 열등한 사람을 찾아 극복하려 하게 됨으로써 끊임없이 비교하게 되는 악순환의 과정을 낳기도 한다.

(6) 해석하기

① 자신의 행동에 대해 어쩔 수 없었다라고 이야기하는 것으로 상대는 핑계로 인식하게 되어 단절을 초래한다.

② 해석하기의 태도는 갈등 상황에서 자신의 행동을 방어하는 수단으로 활용되기도 한다.

4 단계별 코칭 요령

1) 1단계 : 듣고 듣고 또 듣는다.

상담의 첫 단계는 진지하며 적극적인 경청으로부터 시작된다. 고객으로부터 솔직한 얘기를 듣기 위해서는 그로 하여금 편안한 느낌을 주는 분위기 조성과 진실로 경청해 주고 있다는 신체적, 언어적 표현을 보여주는 것이 바람직하다.

(1) 1단계 효과

① 고객이 처한 갈등과 관련된 상황을 좀 더 자세히 알게 된다.

② 고객에게 주의를 기울이고 있음을 알릴 수 있다.

③ 갈등을 어떻게 해결할 것인가에 대해 생각할 여유가 생긴다.

사람은 1분에 125마디 말 밖에 못하지만, 700마디의 말을 들을 수 있다.

④ 고객에게 자신의 감정을 표현할 기회를 줄 뿐만 아니라 이로 인해 고객 갈등을 어느 정도 낮출 수 있다.

(2) 주의 사항

① 시선 : 고객과 눈을 맞춘다.

② 표정 : 살짝 미소를 머금는다.

③ 자세 : 어깨 숙이기 등 적극적인 경청 자세를 보인다.

④ 반응 : 고개를 끄덕이거나 “네~” 등과 같은 짧은 답변을 보인다.

고객의 갈등, 그 자체를 경청하라!

2) 2단계 : 들은 내용을 요약한다.

고객으로부터 들은 말을 짧게 요약하고 그에게 반복 설명하여 그 말이 맞는가를 확인하는 단계이다.

이렇게 함으로써 상담 과정의 불일치와 오해를 사전에 예방할 수 있고, 고객의 얘기에 경청하고 있음을 알려줄 수 있을 뿐만 아니라 더욱 사실에 가까운 고객의 진심을 파악할 수 있게 된다.

(1) 들은 내용을 요약하는 이유?

① **확인** : 상담자가 듣고 나서 생각한 것이 고객이 말하는 것과 다를 수 있다.

② **관심** : 이러한 행위 자체가 고객에게 관심을 표시하는 것으로 보인다.

③ **공감** : 고객의 입장에서 자신이 말한 내용을 상담자가 완전히 이해하고 있다는 것을 알게 된다.

(2) 요약 방법

① 가능한 한 원인 발생 ▷ 전개 ▷ 결과 ▷ 느낌(피해상태)의 단계로 현상의 전개 순서에 따라 요약하라.

② 필요하면 질문을 하라.

③ 평소 상대의 얘기를 요약하는 자기훈련이 필요하다.

④ 상황의 흐름과 그에 대한 고객의 느낌에 대해 집중해서 듣지 못하면 핵심을 놓치게 되어 제대로 요약할 수 없게 된다.

3) 3단계 : 상대방의 기분을 인정한다.

적극적인 경청을 하면서 반드시 필요한 것은 고객의 감정을 솔직하게 인정하는 것이다. 이것은 고객에게 동조한다는 의미가 아니라 이해한다는 의미이다.

즉, 상담자는 "저는 당신이 화내는 일이 옳다고 생각합니다." 라고 말하는 것이 아니라 그러한 감정을 가지고 있다는 점을 알게 되었음을 나타내는 것이다.

이는 상대방의 감정을 이해하는 것이지 동의하는 것은 아니다.

(1) 기분의 인정 포인트

① 감정을 지나치게 단순화시키지 말라.(喜怒哀樂)

② 고객은 아직 밝히지 않은 양면적인 감정, 느낌이 있을 수 있다.

③ 상대방의 기분과 일치하는 신체언어(Body Language)를 활용하라.

④ 기분 인정이 고객의 감정 표현을 오히려 촉발하지 않도록 주의하라.

"동의가 아닌 이해와 인정의 표현을!"

(2) 적극적 경청이란?

적극적으로 경청해야 하는 것 : 상대방의 모든 것

① **비언어적 표현** : 신체적인 행동, 얼굴 표정, 목소리, 생리적 변화, 신체적인 특징, 전체적인 외모 등

② **언어적 표현** : 상대방의 언어적 표현들을 듣고 이해하기 위해서 경험, 행동, 감정의 틀에 비추어 청취하는 것이 도움이 된다.

㉠ 경험 : 상대방에게 일어난 것(사실, 사건)

㉡ 행동 : 상대방이 한 것 혹은 하지 않은 것

㉢ 감정 : 경험이나 행동의 결과로 유발되는 느낌

③ **표현되지 않은 감정 및 동기**

㉠ 상대방이 언어적 혹은 비언어적 표현을 통해 암시하고 있는 것은 무엇인가?

㉡ 상대방이 표현한 것 이면에 전달하고자 하는 메시지는 무엇인가?

㉢ 상대방이 혼돈된 방식으로 표현하고자 한 바는 무엇인가?

(3) 상대방의 객관적 현실

상대방의 주관을 이해하기 위해서는 그 의 객관에 대한 이해가 선행되어야 한다.

① **적극적 경청의 저해요인**

㉠ 부정확한 경청 : 매력, 신체조건, 관심사, 지나친 집착, 문제의 유사성, 이질감

㉡ 평가적인 경청 : 도덕적인 선입관(좋다/나쁘다. 옳다/그르다 등)

② **왜곡된 경청**

문화적 편견, 의사소통의 편견, 편파적인 지식, 상대방에 대한 동정심

③ **적극적 경청 시 피드백 요령**

㉠ 상대방이 말하고자 하는 핵심적인 메시지를 피드백 하라.

㉡ 상대방의 감정을 피드백 하라.

㉢ 상대방의 감정의 기초가 되는 경험과 행동을 연결지어 피드백 하라.

㉣ 생각할 시간을 가진 다음 피드백 하라.

㉤ 가능한 한 짧게 피드백 하라.

㉥ 상대방의 분위기와 비슷한 분위기로 피드백 하라.

"대화 이전에 감정에 대한 이해를 먼저!"

4) 4단계 : 상황 파악을 위한 질문을 한다.

본인의 갈등을 본인이 객관적으로 파악하기는 매우 어려운 것이 일반적인 상황이다. 따라서 상담자는 고객과의 대화를 통해 갈등의 원인과 전개 과정 등에 대한 세부적인 정보를 얻어낼 수 있는 질문들을 적절하게 던짐으로써 고객의 설명만으로 파악하기 어려운 추가 정보를 얻고, 갈등의 본질에 더욱 가까이 접근할 수 있다.

(1) 상황 파악을 위한 질문으로 알 수 있는 것들

① 관련 사실들을 추가적으로 알 수 있다.

② 고객이 자신의 문제를 좀 더 잘 이해할 수 있도록 도와준다.

(2) 질문 방법

① 육하원칙을 지켜라(누가, 언제, 어디서, 무엇을, 어떻게, 왜?).

② 현재 상담 분위기에 어울리는 질문을 하라.

③ 고객의 말에 대한 피드백에 이어 자연스럽게 질문하라.

④ "예", "아니오"나 단답을 요구하는 질문을 남발하지 말라.

⑤ 여러 가지의 질문을 이어서 하지 말라.

⑥ 애매모호한 표현을 피하고 명확한 표현을 사용하라.

⑦ 부정적인 느낌을 주지 않도록 주의하라.

⑧ 궁금한 사항은 가능한 한 확인하라.

⑨ 고객의 수준에 맞게 질문하라.

⑩ 질문에 대한 답은 사후에 메모하라.

5) 5단계 : 상대방의 의견을 물어본다.

해결책이 떠올랐다고 해서 고객의 정서와 무관할지도 모르는 해결책을 곧바로 제시하면 상담의 취지를 상실하게 만들거나 감소시킬 수도 있다.

따라서 자신이 어떤 해결책을 갖고 있다고 할지라도 고객의 의견을 먼저 들어봄으로써 더 좋은 해결책, 고객이 원하는 해결책을 찾을 수 있는 것이다.

(1) 상대방의 의견을 묻는 이유?

① 고객이 더 좋은 아이디어를 낼 수도 있다.

② 고객은 자기 자신의 아이디어를 갖고 있으며, 단지 확신 자체를 피할 수도 있다.

③ 고객의 의견이 상담자의 생각과 같다면 고객이 더 쉽게 받아들일 수 있다.

(2) 의견을 묻는 방법

① 진정한 요구 사항 또는 원하는 해결 방법에 대한 솔직한 의견을 요구하라.

② 의견을 물은 다음에는 적극적으로 경청하라.

③ 의견을 들으면서 그 방법이 내 권한 범위 내에서 처리 가능한지, 또는 살롱 내에서 수용할 수 있는 사항인지의 여부를 검토하라.

④ 가능한 한 답을 끌어낼 때까지 상담자의 의견 제시를 자제하라.

⑤ 고객의 의견에 대한 즉각적인 피드백은 하지 마라(짧은 pause).

역시 요약이 필요하다. "내담자가 무엇을 원하는가를 질문하라!"

6) 6단계 : 자신의 입장을 설명한다.

만약, 상담자가 가진 근본적인 문제 해결 방안이 고객의 생각과 동일하다면 이를 긍정해도 좋지만, 그렇지 않다면 분명히 상담자로서 자신의 입장을 이야기하고 이유를 분명하고 자세하게 설명해야 한다.

"그것은 저희 살롱의 정책입니다."와 같은 종류의 대답은 금물이며, 꾸지람으로 오해될 수 있는 이야기나 사소한 비난도 주의하여야 한다.

7) 7단계 : 명확한 사후조치 사항을 결정한다.

이제까지의 논의를 매듭지으면서 갈등 해소를 위해 상담자와 고객이 각각 어떤 일을 해야 할 것인지를 확실히 하는 단계이다.

(1) 사후 조치를 통해 얻는 효과

① 향후 수행 및 처리상의 잘못과 서로의 오해를 방지하는데 도움이 된다.

② 역할을 분담함으로써 고객을 고충처리에 동참시킬 수 있다.

③ 고충 처리의 각 절차의 의미를 전체적 차원에서 인식함으로써 융통성 있게 처리할 수 있다.

(2) 사후 조치 방법

① 이제까지의 대화 내용을 먼저 정확하게 정리하여 상호 확인하라.

② 해결 방안에 대한 상호 논의가 길어질 경우, 적절한 선에서의 타협을 시도하라.

③ 상호 결정한 해결 방안에 대한 세부적 처리단계를 서로 충분히 숙지하라.

④ 고객의 활동이 전혀 필요치 않은 경우를 제외하고는 가능한 한 고객의 참여를 유도하라.

⑤ 고객과 상담자가 각각 해야할 일을 행동 중심으로 명확하게 나누어라.

⑥ 상담자의 권한 내의 일과 권한 외의 일을 명확히 나누어라.

⑦ 긴 시간이 소요되는 경우 중간설명 등의 일정을 삽입하라.

⑧ 반드시 합의하여 공감대를 형성하라.

"결론 〉 역할 분담 〉 일정 순으로 매듭을!"

8) 8단계 : 감사의 표현을 한다.

갈등과 관련된 상담을 끝낼 때는 반드시 감사의 표현으로 마감하는 것이 바람직하다. 고객에게 감사해야 할 이유는 많다.

우선, 상담자인 당신을 신뢰해주고 있고, 위축된 상태에서 일함으로써 생산성 저하의 원인이 될 수 있는데 그러한 악영향을 예방하여 주고 있지 않은가?

그리고 이러한 감사의 표현은 소극적인 갈등 처리를 넘어 적극적인 인격 교류를 가능하게 한다.

(1) 고객에게 감사의 표현을 하는 이유

① 다시 곤란한 경우에 처한다 해도 편한 마음으로 찾을 수 있다.

② 상담자의 이미지를 향상시킬 수 있다.

③ 긍정적인 상황에서 상담을 마칠 수 있다.

(2) 감사의 표현을 할 때

① 구체적인 이유를 들어 감사하라.

② 어울리는 행동을 담아서 표현하라.

③ 의례적인 언행이 되지 않도록 고객 중심으로 표현하도록 노력하라.

④ 장황하지 않게 하라. 진실된 인상을 주어라.

5 상담 시 질문의 원칙과 정서

1) 질문의 원칙

(1) 상담 시 질문요령

① 1:1 대화를 시작하라.

② 질문하기 위한 분위기를 조성하라.

③ 자신이 들은 내용에 대해서 반복하고 확인하라.

④ 상대의 이야기를 모두 경청한 뒤 질문하라.

⑤ 상대의 마음을 열 수 있는 적절한 질문법을 활용하라.

(2) 경청에 도움이 되는 질문법

① Why보다는 How, What에 초점을 맞추어 질문하라.

② 과거지향적인 질문보다는 미래지향적으로 질문하라.

③ 열린 질문을 하라.

(3) 경청에 방해가 되는 질문법

① 유도형 질문

② 질문자의 욕구에 맞춘 질문

③ 한꺼번에 쏟아내는 질문

2) 정서의 개념과 정의

① **감정** : 어떤 외/내부 자극을 받았을 때 신체에서 일어나는 생리적 반응/감각과 그 자극에 대한 특별한 마음 상태

② **정서** : 감정과 기분을 모두 포함하는 마음 상태, 느낌

③ **기분** : 대상과 발생 시기가 애매모호하여 언제 생겼는지, 왜 생겼는지 모르게 나타나는 마음 상태

3) 정서의 기능

① 의사 결정에 영향을 미친다.

② 사람의 행동을 유발한다.

③ 대인 관계에 중요한 정보의 역할을 한다.

④ 관계를 촉진·형성하는데 기여한다.

4) 인간의 기본적 정서

정서	내용
기쁨	만족스런 성과, 원만한 대인 관계, 인정 등 자신의 원하는 욕구가 충족될 때 발생되는 긍정적인 정서
슬픔	내가 가지고 있는 것이 없어지거나, 내가 원하는 것이 나로 인해서 이루어지지 않았을 때 느끼게 되는 부정적인 정서
공포와 불안	자신이 원하는 것을 이루는데 있어서 외부 자극이 이에 부정적인 영향을 미치거나 방해한다고 느끼는 경우 표출하게 되는 정서. 발생원인에 대한 이해를 통해 적절하게 표현하는 것이 중요.
부정과 화	자신이 원하는 것을 이루는데 있어서 외부자극이 이에 부정적인 영향을 미치거나 방해한다고 느끼는 경우 표출하게 되는 정서. 발생원인에 대한 이해를 통해 적절하게 표현하는 것이 중요

5) 그 밖의 정서

요소	내용
긍정적	흥분, 감동, 안도감, 차분함, 편안함, 즐거움, 자신감, 활력, 몰입, 행복 등
부정적	시기, 질투, 죄책감, 수치심, 고통, 명함, 긴장, 충격, 좌절, 혼란, 절망, 불행 등

6) 언중유골 : 미하엘 엔데

"경청이 기술이라고 생각하지 않는 사람들은
그들 자신이 반만이라도 할 수 있나 시험해봐야 한다."

※ 출처 : daum 위키 백과

6 성격에 따른 행동 유형과 욕구

1) 다름에 대한 이해

관점	내용
성격 특성	개인이 태어나면서부터 타고난 고유한 성질. 심리적인 경향을 성격이라고 하며 성격 특성에 따라 차이(다름)가 생김
행동 특성	사람이 환경을 어떻게 인식하고, 그 환경속에서 자기 자신을 어떻게 인식하느냐에 따라 행동유형을 구분하며 차이(다름)가 생김

2) 보편적인 행동 유형 4가지

행동유형	특징
주도형	• 결과를 성취하기 위해 장애를 극복하고, 스스로 환경을 만들어 나가는 성향 • 독립적, 결과/목표 지향적, 강한 자아, 도전, 자신감, 고집이 세고 주도적임
사교형	• 다른 사람을 설득하거나 영향을 미침으로써 스스로 환경을 만들어 감 • 낙천적, 열정적, 격려하는, 풍부한 감정, 폭넓은 대인관계
안정형	• 어떤 일을 수행하기 위해서 다른 사람과 협력 • 일관성, 협조적, 인내와 성실, 안정적인, 원만한 대인관계
신중형	• 업무의 품질과 정확성을 높이기 위해 기존의 환경 안에서 신중하게 일함. • 분석적, 호기심 많은, 정확성, 객관적인, 기준이 높은, 비판적임

3) 유형별 커뮤니케이션 전략

행동유형	특징
주도형	핵심 사항에 대해 간결하고 직접적으로 대화하며, "무엇(What)"을 강조하는 것이 효과적. 주도형 상대의 선택권을 최대한 존중
사교형	편안하고 친근하게 대화를 시작하고, 열정적으로 이야기할 수 있는 분위기의 조성과 상대가 이야기를 할 때는 적극적으로 반응하고 지지하며 안정하면서 듣는 자세가 효과적
안정형	상대의 느낌을 수용하고 지원해주며 상대가 편안하게 이야기할 수 있도록 개인적인 배려를 해주는 것이 필요
신중형	상대에게 신뢰감을 줄 수 있는 논리적인 근거나 자료, 데이터를 제시하고 구체적으로 설명하는 것이 필요

4) 유형별 경청에 도움이 되는 질문법

행동유형	특징
주도형	도전, 성취, 권위, 지위, 강한 자의식, 목표달성 등에 의해 동기유발
사교형	사회적 인정, 창의적인 아이디어를 제공할 수 있는 분위기, 열정적이고 자유로운 환경에서 동기 유발
안정형	구성원 간의 일체감, 신뢰감, 상황에 대한 인정, 변화에 적응할 충분한 시간 등에 의해 동기유발
신중형	명확한 기준과 생각할 수 있는 충분한 시간, 정확한 예측 및 통제된 환경에 의해 동기유발

5) 욕구의 발생과 표현

① **발생** : 인간이 본성적으로 타고나는 것으로 욕구의 충족 여부에 따라 긍정/부정적인 감정(느낌)이 발생된다.

② **표현** : 욕구는 느낌과 상호작용하면서, 일상생활 매 순간 순간마다 다양하게 표현된다.

6) 매슬로우의 욕구 5단계

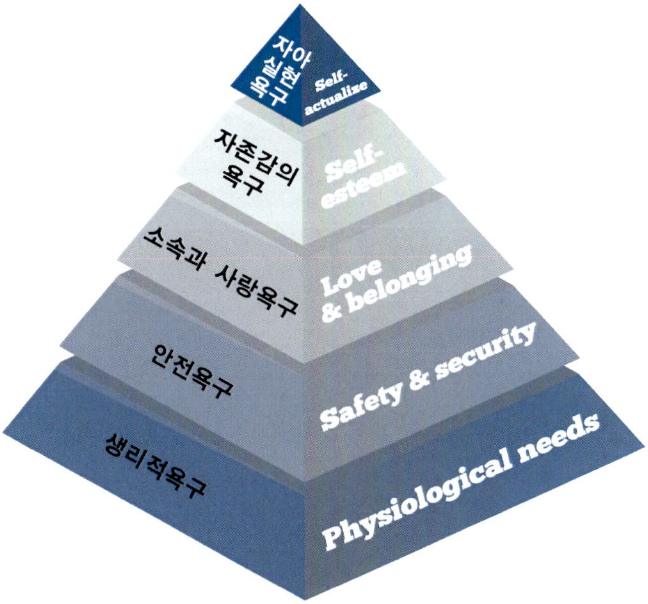

단계	욕구	주요 내용
1단계	생리적 욕구	배고픔, 수면, 갈증, 공기, 휴식, 신체적 접촉 등
2단계	안전 욕구	보호 받음, 주거, 따뜻함, 부드러움, 편안함, 의존, 돌봄을 받음, 건강, 정서적 안전함 등
3단계	소속과 사랑의 욕구	친밀감, 유대, 배려, 주고 받음, 재미, 즐거움, 인정, 승인, 사랑, 애정, 관심, 호감, 우정, 가까움, 나눔, 소속감, 결속, 협력, 신뢰 등
4단계	자존감의 욕구	공헌, 기여, 유용한 존재가 됨, 유능감, 효능감 등
5단계	자아 실현의 욕구	도전, 성취, 목표, 가르침, 발견, 학습, 생산, 성장 등

7) 언중유골 : 레베카 폴즈

"서로를 치료하기 위해 우리가 할 수 있는 가장 가치 있는 일은
서로의 이야기에 귀를 기울여 주는 일이다."

2 고객 심리 상담 코칭

1 고객의 정서에 관심을 가져라.

1) 우선 자신부터 파악하라.

미용사나 관리사가 다른 시술 서비스에 너무 몰두해 있거나, 미용사 본인의 기술만을 고집하게 되면 고객의 요청은 물론, 고객의 어떠한 얘기도 전혀 들을 수 없게 된다. 따라서, 공평하게 자신과 고객의 소리에 귀를 기울이려면 어떻게 해야 하는지 알아보자.

(1) 먼저, 고객과의 관계가 주는 의미에 대해 주의깊게 생각해 보아야 한다.

고객과 상담 관계를 맺는다는 것은 고객이 우리에게 말하는 동안 우리의 일을 잠시 중단하고 고객을 위해 노력과 관심을 기울여야 함을 의미한다.

이는 미용사의 문제는 잠시 동안 접어두고, 고객을 위해 시간과 노력을 투자해야 함을 의미한다. 미용 서비스의 직업적 특성상 시술 전 고객과의 상담 관계 형성은 필수적이면서도 아주 중요한 부분이므로 처음 방문이거나 잘 알지 못하는 고객에게 시간과 애정을 할애하기 위해서는 약간의 노력과 연습이 필요하다.

(2) 고객이 표현하는 감정과 미용사나 관리사가 그들에게 지니는 감정에 상관없이 살롱에서 발생되는 모든 일들은 단지 우연에 의한 것이 아니라는 사실을 인지해야 한다.

미용사가 고객과의 사이에 경험하는 것들은 그들과의 인간관계를 구성하게 된다.

고객들은 미용사에게 어떤 일이 일어나고 있는지 말해주며, 사건의 중요한 단서를 제공해 주기도 한다. 만약, 미용사가 그 단서를 깨닫지 못하면 고객과의 밀접한 관계를 맺을 수 없게 될 것이다.

따라서, 시술 중간에도 고객과의 대화는 끊임없이 이어져야 하고, 간간히 거울을 통해 스타일의 과정은 물론, 고객의 표정까지도 살펴보아야 한다.

또한, 관리사의 경우에는 직접적인 시술 전 상담이 매우 중요하므로 검증된 임상데이터를 상담 자료로 활용하는 것이 좋다.

무의식 중 표출되는 고객 불만 간접 신호

1. 미용사나 관리사의 질문에 대답을 잘 하지 않고, 시큰둥한 표정과 말수가 현저히 줄어든다.
2. 거울을 통해 미용사와의 시선을 외면하거나 베드에서도 불평이 많다.
3. 미용사의 스타일링이 끝나지 않은 상황에서도 계속해서 자신의 머리를 만지거나 가르마의 방향을 바꾼다. 피부관리시 통증을 호소하며, 불평하기도 한다.
4. 스타일링을 원하지 않고, 고객 자신이 서둘러 시술을 끝낸다.
5. 제휴나 살롱 내 프로모션을 귀담아 듣지 않고, 귀찮다는 듯 서둘러 정산을 마치고 나간다.

(3) 상담자는 다른 사람과 맺는 인간관계를 통해서도 고객과 발생되는 여러 일들을 이해하는 중요한 해결의 열쇠를 얻을 수도 있다.

상담자가 인간의 공통적인 정서와 심리상태를 파악하지 못한다면 결코, 인간관계를 이해할 수 없게 될 것이다. 상담자는 상담관계에서 자신을 잃지 않고, 그대로 유지하는 강인함이 필요한데, 이는 계속적인 노력에 의해 보충할 수 있다.

이와 같은 신중한 태도와 주의는 전이(Transference)와 역전이(Countertransference)가 일어나지 않게 해준다.

전이(Transference)

고객의 감정을 상담자에게 표출시키는 상태를 말한다. 고객은 이제까지 살아오는 동안 그에게 중요한 사람(예를 들면, 부모나 형제 등)에게 지닌 감정을 상담자에게 표현하게 된다.

이 감정은 긍정적이거나 부정적인 감정이며, 고객은 상담자를 그들의 부모나 다른 중요한 사람으로 대체시켜서 생각하는 것이다. 상담자는 전이된 감정을 자신에 대한 감정으로 오해하지 않도록 주의해야 한다. 만약, 상담자가 전이된 감정을 자신에 대한 감정으로 순진하게 생각하고 반응한다면, 상담을 더욱 복잡한 상황으로 끌고 가게 될 것이다.

미용실에서의 전이(Transference) 상황 예

다른 미용실에서 이미 모발 손상으로 인한 클레임과 갈등을 겪고 있는 고객이 미용사를 찾아왔다.
그는 특별한 이유없이 새로 접한 미용사에게 도전적이며 공격적인 태도를 취했다. 이 때 미용사가 고객의 태도가 다른 미용실에서 겪은 모발 손상으로 인해 갈등이 전이된 사실을 깨닫지 못하면 반항적인 태도의 이유를 몰라서 당황하고 초조하게 될 것이다.
미용사가 고객의 태도가 잘못되었다고 생각하고 훈계를 하거나 설득하려고 한다면 재시술을 상담하러 왔던 고객은 이 미용사도 전 미용사와 다를 바가 없다고 실망하게 되어 더 큰 클레임을 야기하게 된다.

역전이(Counter-transference)

전이와 반대로 상담자의 감정(부정적이거나 긍정적인 감정)을 고객에게 표현하는 상태이다.

상담자는 사적인 감정이나 해결되지 않은 문제에 대한 감정을 고객에게 표현할 수 있다. 역전이된 감정은 고객의 말과 행동에 따른 감정이라기 보다는 상담자의 주관적인 감정이기 때문에 이 감정들을 직시하고, 주의해야 한다.

그렇지 않으면, 무의식적으로 상담자의 말과 행동을 지배하고, 통제하게 된다.

ex. 영화 '양들의 침묵' 中 렉터 박사의 자백과 진술

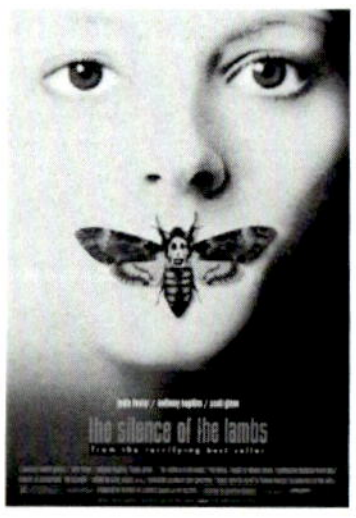

2) 상담자가 유의해야 할 사항

(1) 항상 평정심을 유지해라.

상담자가 침착하고 평온할수록 고객의 말이나 간접적인 신호뿐만 아니라 자신의 감정까지도 잘 인지할 수 있게 된다.

(2) 오해하지 말라.

오해는 상담자가 상담을 성급하게 통제하고, 리드하려는 욕망에서 야기되며, 상담을 악화시킨다.

오해는 상담자가 고객의 말과 행동에 진지하게 귀를 기울일 때 피할 수 있으며, 고객의 말과 행동에 숨겨진 의미들을 분명하게 이해할 수 있다.

따라서, 경청이 가장 중요하다.

다음 한자에 들어있는 한자의 개수와 의미는 무엇일까요?

'聽'

[정답] (마음 심) 心 = (한 일) 日 + (임금 왕) 王 + (눈 목) 目 + (열 십) 十 + (귀 이) 耳
고객의 마음은 한 명의 임금을 대하듯 눈을 열고, 열 번을 들어야 비로소 얻을 수 있다.

(3) 인위적 또는 의무적으로 노력하려 하지 마라.

상담자의 감정이나 고객의 감정을 인위적으로 바꾸려 해서는 안된다. 상담자는 본인이 느끼는 감정들을 숨기려 하지 말고, 이 감정에서 중요한 단서를 끌어내는 지혜를 발휘해야 한다.

상담자는 이상적으로 고객에게 반응할 수 없더라도 본인이 완벽하지는 않지만 누구와도 다른 독특한 존재라는 사실을 현명하고 이성적으로 받아들이게 된다면 더 많은 성장을 하게 될 것이다.

진정으로 바람직한 상담관계는 상담자가 본인의 아이덴티티를 견고하게 유지하면서 고객에게 조금씩 자신을 드러내는 데에서 시작된다. 상담자는 본인도 모르는 사이에 고객에게 몰두하는 상황을 조심해야 하며, 본인의 아이덴티티와 고객의 요구 사이에서 적절한 균형을 유지해야 한다.

미용 상담에서 가장 중요한 도구는 상담 이론이나 기법이 아니라 상담자 자신이며, 자신을 파악하고 있는 정도에 따라 상담에 커다란 차이가 발생한다는 사실을 명심해야 한다.

상담자는 고객과 가까워지면서도 미용사나 관리상담사 본인은 고유한 별개의 개체로 남아 있어야 한다.

이를 위해서는 '전이'와 '역전이'를 조심해야 하고, 자아를 존중하는 태도가 유지되어야 한다. 자아존중 태도는 상담자가 자신의 감정을 인정하고, 수용하며 고객의 감정과 본인 감정의 차이를 구별할 수 있는데에서 시작된다.

2 지혜를 발휘하라.

실수없이 완벽하게 상담을 해내는 상담자는 없으며, 상담이 잘못되고 있다고 생각될 때 이를 건설적인 방향으로 선회하고, 다양하고 축적된 상담 경험을 통해 상담 능력을 조금씩 개선시킬 수 있다.

이 장에서는 상담 경험을 통해 배울 수 있는 지혜들에 대해 알아보자. 그러나 중요한 것은 지혜를 얻게 되더라도 실제 경험을 통해 내 것으로 만들어야 한다는 점이다. 이론적으로 잘 알고 있다고 해서 그 지혜를 실제 상황에 그대로 적용시킬 수 있다는 것을 의미하지는 않는다.

1) 고객의 말에 귀를 기울여라.

가장 평범하지만 가장 중요한 상담의 원칙이고, 핵심이다. 고객이 처음 만난 미용사나 관리상담사에게 자신이 원하는 스타일뿐만 아니라 개인적인 취향, 직업, 연애관, 개인사 등 사적인 부분까지 이야기하는 것은 매우 놀라운 일이다.

또한, 이야기를 들어주는 사람이 고객의 말을 정확하게 이해하지 못해도 이를 옳게 이해시키려고 계속해서 노력한다. 아예 잘 알려진 연예인의 사진을 가져와서 스타일을 요구하기도 한다.

대부분의 고객들은 처음 만난 미용사나 관리상담사에게도 스스럼없이 자신의 고민과 문제를 털어놓는다. 이러한 상담 과정에서 미용사는 어려움을 느낄 수 있는데, 어려움 중의 대부분은 고객이 자신의 문제를 설명하려고 애쓰면서 정확한 말을 찾지 못해 주저하고 애매한 태도를 보일 때 발생한다.

이 과정에서 미용사나 관리상담사가 이를 참지 못하고, 성급하게 판단하거나 고객의 말을 듣지 않거나 무시할 때 종종 클레임이 발생된다.

자신이 연출하고 싶은 헤어스타일에 대해 자세하고 구체적으로 말하지 못하는 고객은 전문적인 헤어스타일리스트가 아님을 항상 명심해야 한다.

고객은 사실상 상담자를 도와주는 경우가 많다. 도움을 받으러 왔으나 도움을 주는 상황이 일어나기도 한다는 뜻이다. 예를 들면 고객이 말한 것 중에서 상담자가 이해하지 못했거나 놓쳐버린 사실들이 있으면 다시 상담자에게 주지시킨다.

재확인시키는 방법은 다양하게 이루어지고 있지만 애매모호한 방법으로 이루어지는 경우는 없다. “아니오 그건 제가 말하고자 하는 바가 아닙니다.” 또는 “제가 말하고자 하는 바와 비슷하지만 정확하지는 않아요.”라고 말하면서 잘못된 부분을 바로 잡는다.

고객은 잘못된 부분이 있을 때는 이야기를 더 이상 진전시키지 않고, 미용사나 관리상담사가 잘못 이해하고 있는 부분을 정확하게 설명하기 위해 이야기를 다시 원점으로 돌아가서 시작한다.

미용사나 관리상담사가 이와 같은 고객 이야기의 반복에 주의한다면 고객이 미용사나 관리상담사를 훌륭한 조력자로 만들기 위해 얼마나 노력하고 있는지 깨닫게 될 것이다.

고객이 상황을 분명하게 설명해주어도 미용사나 관리상담사가 문제의 핵심을 놓쳐버리게 되는 이유는 무엇인가? 이런 상황은 상담 초보자뿐만 아니라 경험이 많은 숙련된 미용사나 관리상담사에게도 일어날 수 있다. 미용사가 문제의 핵심을 놓치게 되는 것은 고객의 고민과 문제가 이것일 거라고 미리 추측하고 기대하기 때문에 고객의 말을 잘 들을 수 없게 되어 발생한다.

예를 들면 고객이 어떤 일을 이야기할 때 이와 비슷한 이야기를 전에 들은 적이 있거나 미용사나 관리상담사의 생각속에 이미 고객이 원하는 스타일은 이런 것이라는 단편적이고 불확실한 증거에 의지해 서둘러 상담을 종료하는 경우이다. 그러나, 미용사나 관리상담사가 좀 더 주의깊게 고객의 말을 경청하고, 성급한 판단이나 기대에 덜 집착하게 된다면 고객의 설명이 다소 모호하고, 상징적이라 할지라도 쉽게 이해할 수 있게 된다.

결국, 고객에게 많은 도움을 주어 상담과정에서 받게 되는 스트레스도 줄어들게 될 것이다.

2) 문제에만 집착하지 마라.

고객이 그들의 문제를 열심히 설명할 때, 상담자가 그들의 문제에만 지나치게 집착하게 되면 많은 어려움이 발생한다.

사람들은 자신에게 어떤 문제가 있다고 쉽게 말하지만, 모든 사람이 어떤 문제를 똑같은 조건과 상황속에서 겪지는 않는다.

예를 들면 '모발손상' 문제로 찾아온 고객에게 '모발 생리학'에 쓰여진 정보에 따라 상황을 판단하고 해결책을 제시해주려 한다고 하자.

과연 고객의 고민과 문제가 책의 내용처럼 척척 해결될까? 물론, 책을 통해 모발손상에 관한 일반적이고 핵심적인 정보를 얻을 수는 있을 것이다. 그러나 '모발손상' 문제로 고통받는다고 해서 모든 고객이 똑같은 정도와 강도로 고통을 겪지는 않는다는 사실을 명심해야 한다.

단순히 명명된 문제에만 신경쓰지 말고 그 문제를 지닌 고객 개인의 상태에 관심을 기울여야 한다.

문제에만 지나치게 집착하는 상담자는 그 문제로 고통받고 있는 고객을 소홀하게 생각하기 쉽고, 문제를 지나치게 강조하다 보면 상황을 왜곡시키는 위험도 있다.

이런 상황은 상담자가 문제와 그 문제를 겪고 있는 주체인 고객을 별개로 간주할 때 쉽게 발생한다. 상담자가 관심을 기울여야 하는 대상은 고객이기 이전에 인간이며, 중요한 것은 스트레스에 반응하는 고객의 태도이다.

따라서, 고객의 문제가 모발 손상이냐, 탈모냐가 중요한 것이 아니고 '그러한 문제를 고객이 어떻게 받아들이고 어떻게 경험하고 있는가'하는 문제가 중요한 핵심인 것이다.

3) 고객의 문제를 대신 해결하려 하지 마라.

상담자에게 항상 완벽하려고 하지 말라는 충고는 상담자가 문제 해결사는 아니며, 문제 해결사가 될 필요도 없다는 사실을 일깨워주기 위한 것이다.

미용사나 관리상담사는 상담이 고객에게 좋은 결과를 가져다 주기를 바란다. 좋은 결과는 고객을 효과적으로 이해하고, 깊은 관심을 보이며 처음부터 끝까지 성실한 자세로 임하게 될 때 자연스럽게 이루어진다.

반드시 좋은 결과를 내야 한다는 일념에서 미리 결과를 예상하고, 이를 달성하기 위해 의도적인 노력을 할 때 오히려 문제가 발생하는 경우가 많다.

상담자가 고객의 문제를 앞장서서 대신 해결해주려는 욕망이 야기시키는 가장 중요한 문제점은 고객 스스로 스타일을 결정하고, 그 결정에 대한 책임을 지는 자세를 약화시킨다는 점이다.

일례로 항상 평범한 스타일만을 고수해오던 고객이 기존의 스타일을 거부하고 보다 파격적인 스타일에 도전해보고 싶다고 하는데 미용사가 그 스타일은 너무 과감해서 고객님과 어울리지 않는다고 얘기한다면 상담자가 고객의 행동에 따른 결과에 대한 책임질 기회를 빼앗고, 그들에게서 실패할 수 있는 기회도 박탈하는 것이므로 고객과 미용사 모두에게 이롭지 못하다.

가급적이면 상담자의 결정 사항이나 목표를 부과하고 강요하려는 행동, 또한 고객의 문제를 대신 해결해주려는 태도는 지양해야 한다.

상담자는 고객을 위해 시간을 내고 그들에게 진정한 이해와 정직한 마음으로 대하되, 그 이상의 행동은 고객에게 해가 될 수도 있다는 사실을 기억해야 한다.

4) 상담자는 만능 해결사가 아님을 명심하라.

고객의 문제를 대신 해결해주고 싶은 마음속에는 상담을 성공적으로 마치고 싶은 강한 동기가 숨어 있다. 이 동기는 상담자에게 많은 스트레스를 가져다 줄 수 있으며 부정적인 상담 결과를 초래할 수도 있다.

이런 동기는 특히 강박적이고 충동적인 경향이 있는 유능한 사람에게서 흔히 볼 수 있다. 그들은 일사천리로 일을 해결하기 원하며, 가능하면 신속하고 효과적으로 마치고 싶어한다.

이런 유형의 사람은 대부분 권위적이다. 따라서 상담하기 전 상담 과정에서 성공하고 싶은 근본적인 동기가 어디에서 유래했는지 점검해야 한다.

어떤 수단과 방법을 써서라도 상담을 성공시켜야 한다는 사람은 그들의 과잉 성취 동기가 오히려 미용 인생의 비전을 흐리게 할 수 있다.

그들은 상담을 요청해온 고객들을 자신의 성공 수단이나 기회를 제공하는 존재로 보기 쉬우며 이런 생각으로는 고객들과 좋은 관계를 맺기 어렵고, 이후 재방문율도 낮아지게 된다. 이들은 자신의 능력을 증명하려 하고, 보이지 않는 권위에 의존하기 때문이다.

이런 성향을 지닌 상담자는 마음의 문을 열고 고객의 이야기를 경청하기보다는 자신의 능력을 과시하는 방법에만 몰두하기 쉽다. 또한, 이미 알고 있거나 들은 적이 있는 숙련된 미용사나 경험이 많은 관리사와 자신의 능력을 비교하려 하고, 전문가적인 모습으로 일관하려 한다. 이러한 상담에서는 고객의 문제와 상황에 따라 변하는 상담자의 자발적이고 신선한 모습을 볼 수 없으며 고객을 성공의 수단으로 생각하는 한 그들을 진정한 미용인으로 바라볼 수도 없게 된다.

고객을 위한 성공적인 도움은 비이기적이고 무의식적인 배려에서 나오며, 미리 짜여진 각본에 따른 상담보다는 열린 마음으로 정직하고 순수하게 반응하는 인간애가 느껴지는 상담에서 훌륭한 상담이 이루어질 수 있다.

너무나 일상적이고, 피상적인 태도는 고객에게 감명을 주기 어렵다.

보통 상담자가 고객의 문제를 대신 해결해주고 싶은 강한 동기속에는 진정으로 고객을 돕고 싶은 마음보다는 유능한 미용사나 관리상담사가 빨리 되고 싶은 욕망이 숨어있으며, 이 욕망으로부터 자유로워질때에야 고객의 행복과 정서적인 평안에 관심을 기울일 수 있으며 상담에 대해서도 자유로운 해방감을 느끼게 될 것이다.

3 실전 심리 상담을 위한 패러다임의 변화

1) 추천 도서 : 결정적 순간의 대화

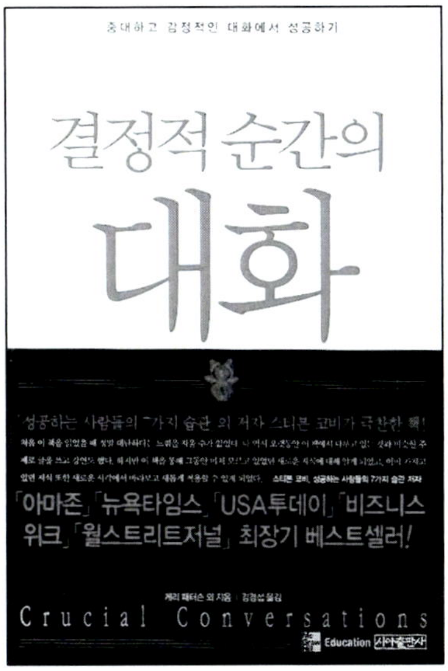

- 조셉 그레니, 케리 패터슨, 론 맥밀런, 알 스위즐러 공저

2) 미용실을 찾는 고객이 일반적으로 원하는 4가지 : V. S. M. B

① Volume : 볼륨

② Shine : 윤기

③ Moisturizing : 보습

④ Balance : 윤기

3) 피부관리실을 찾는 고객이 일반적으로 원하는 4가지 : 2H. A. N

① Health : 건강

② Healing : 휴식

③ Anti aging : 동안

④ No pain : 통증 완화

4) 뷰티 살롱 패러다임의 변화

衣, 食, 住 → 美, 樂, 休

5) 시대적 상황에 따른 소비 패턴의 변화

[2014년 세월호 사건 이후 유통의 변화]

업종	증감	비고
신용카드 국내 승인액	(–)124억원 / (–)1.3%	국내 사용액 역대 첫 감소
유류판매	(–)17.5%	두 자릿수 큰 폭 하락
서점	(–)17.2%	
국내신차	(–)15.4%	
할인점	(–)10.3%	
유흥 및 사치업	(–)10.2%	
주유소	(–)7.6%	한 자릿수 소폭 하락
노래방	(–)6.2%	
상품권	(–)6.4%	
백화점	(–)5.0%	
대중교통	(+)9.6%	한 자릿수 소폭 상승
슈퍼마켓	(+)5.0%	
인터넷/홈쇼핑	(+)4.1%	

4 상담 접근 방법을 새롭게 하라.

1) 고객이 당신을 좋아하길 바라는가?

상담자가 고객에게 긍정적인 반응을 기대하는 것은 이상하지 않다. 다만, 고객의 긍정적인 반응을 이끌어내기 위해 인위적으로 노력하게 되면 오히려 문제가 발생한다. 상담에서는 래포(Rapport) 형성이 중요하지만, 인위적인 래포는 오히려 해가 된다.

래포(Rapport)

상담자와 고객이 상담을 시작하는 순간부터 서로 편안한 감정으로 대하는 것

순수한 래포는 상담자가 고객의 말을 정확하게 이해하려는 진지한 노력에서 나온다. 다시 말하면 상담자는 고객이 자신에게 좋은 감정을 지니고 있느냐 하는 문제에 집착하지 말고 고객에게 충분한 관심과 애정을 보여주어야 하며, 이때 래포는 자연스럽게 형성된다.

2) 당신은 고객을 판단하는가?

상담자도 인간이기 때문에 주위에 있는 사람이나 사물을 보고 판단하는 것은 당연하다고 볼 수 있다. 그러나, 상담자가 판단이나 평가에 의존하게 되면 자칫 상담을 망칠 수도 있다. 고객을 평가하는 것이 상담을 망칠 수도 있다는 지적은 상담에서 필요한 정확한 진단을 하지 말아야 한다는 의미를 담고 있지는 않다.

문제는 고객에 대한 선입견은 그들과의 깊은 관계를 방해할 뿐만 아니라, 자신을 남과 비교하고 등급을 매기는 무의식적인 행동은 상담자 자신에게도 이롭지 못하다.

'네가 그렇게 행동한 것은 실수한 거야!' 또는 '네가 그 일에 대해 나에게 말해준 것은 매우 잘한 일이야!'와 같은 말에는 판단적인 태도가 내재되어 있다는 것을 알 수 있다.

상담자는 자신의 눈으로 고객을 판단하지 말고, 고객의 눈으로 사물을 보려는 노력을 해야 한다.

만약, 상담자가 고객의 어떤 말과 행동에 대하여 자신이 지니고 있는 도덕적인 판단과 기준에 따라 고객을 설득하고 이해시키려고 한다면, 이는 매우 커다란 실수를 범하고 있는 것과 다름없다.

3) 고객의 말과 행동을 해석하기 좋아하는가?

어떤 상담자는(특히, 비전문 상담자인 경우) 프로이드의 정신분석 이론에 따라 고객의 행동을 해석하려 하며, 정신분석 이론의 분석 능력을 지나치게 믿는 경향이 있다.

정신분석 이론에 따라 해석하기 좋아하는 사람들은 사람들의 행동에 대해 항상 똑같거나 거의 비슷한 해석을 내린다는 점이다.

해석은 능숙한 상담에 반드시 필요하지만, 해석이 지니고 있는 장점과 단점을 정확하게 이해하고 난 후에 고객이 해석을 이해하고, 수용할 수 있는 순간에 해석이 내려져야 한다.

고객이 해석을 이해하지 못하여 상담자가 해준 해석을 수수께끼처럼 받아들인다면 그 해석이 아무리 정확한 해석일지라도 소용이 없다.

고객은 자신이 준비되어 있지 않은 상태에서 해석이 주어지면 위협감을 느끼고, 방어적이 되어 상담 자체를 그만두기도 한다. 따라서, 고객을 상담하는 미용사는 이 점을 명심하고, 해석을 사용해야 한다.

4) 당신은 질문하기를 좋아하는가?

상담 중에 고객에게 '그 부분에 대해서 좀 더 이야기해주시겠습니까?'와 같은 질문을 하여 정보를 구하는 일은 흔히 있을 수 있다. 특히, 경험이 많지 않은 상담자는 이러한 종류의 질문을 자주 하게 된다.

그런데 우리가 무엇인가 열심히 말하고 있을 때 상대방이 질문을 하며 끼어들면 기분이 좋지 않게 되는 것을 경험한 적이 있을 것이다.

물론 질문 없이 상담이 진행될 수는 없다. 고객이 이미 말한 것을 분명히 하거나, 상담자가 옳게 들었는지 확인하기 위해서 질문이 필요할 때가 있다.

그런데, 상담자가 하는 질문 중에 대부분은 호기심이나 무엇을 해야 할지 몰라 당황하는 순간을 모면하기 위해 이루어지는 경우가 많다.

그러나 상담자가 해야 할 최선의 행동은 고객이 그의 이야기를 방해받지 않고, 사유롭고 충분하게 할 수 있도록 도와주고 고객의 자신에 대한 인식도 분명하게 갖도록 도와주는 것이다.

때때로 상담자는 고객이 침묵하기 때문에 질문하는 경우도 있는데, 이 때는 주의를 해야 한다. 상담자는 침묵의 순간을 불편하게 생각하기 때문에 이를 모면하기 위해 질문하지만, 고객의 침묵에는 많은 의미가 담겨 있다는 사실을 기억해야 한다.

고객은 상담을 거부하기 위한 수단으로 침묵하기도 하지만, 좋은 동기에서 침묵하는 경우도 있다. 친한 친구 사이에는 많은 말이 필요 없으며, 사랑하는 연인들은 침묵으로 많은 말을 주고 받는다. 이와 같이 고객은 자신에 관하여 새로운 사실을 발견하고 이를 정리하기 위해 침묵하기도 한다.

유능한 상담자라면 나쁜 동기의 침묵과 좋은 동기의 침묵을 구분할 수 있으며, 좋은 동기의 침묵은 간섭하지 않고, 그대로 둔다. 불필요한 질문으로 침묵을 깨뜨리면 상담에서 중요한 부분을 파괴하는 결과를 초래하기 때문이다.

5) 고객을 안심시키려 하는가?

고객을 안심시켜 평온하게 하는 일은 훌륭한 상담이 진행되기 위해 반드시 필요하다. 고객은 상담자가 자신을 충분히 받아들이고, 자신을 진심으로 이해한다고 생각할 때 평안을 느낀다.

'고객님이 걱정하는 것만큼 상황이 나쁘지는 않는 것 같은데요?' 또는 '스타일에 변화가 있으면 기분이 좋아질테니 너무 슬퍼하지 않으셔도 됩니다.', '지금도 충분히 날씬하시지만 조금만 관리 받으시면 훨씬, 더 자신감이 생기실 거예요.'

감정이입(Empathy)이란 용어는 상대방의 입장에서 상대방의 고민과 갈등, 기쁨 등을 진정으로 이해하고 받아들이는 상태를 말하는데, 고객의 진정한 안심과 평안이 바로 상담자의 감정이입에서 나온다.

고객은 상담자가 자신의 문제를 진심으로 걱정하며 도와주려고 애쓰고 있다고 느낄 때 위로를 받는다.

6) 고객이 당신을 이해해 주기를 바라는가?

이해는 모든 인간관계에 중요한 요소이며, 특수한 상황에서도 없어서는 안 될 필수요소이다.

이해가 결여되면 효과적인 상담은 결코 이루어질 수가 없다. 상담자가 고객을 완전하게 이해하지 못하더라도 이해하려는 태도는 상담자와 고객 모두에게 유익하다.

이해한다는 것은 고객이 표현한 감정과 경험을 인정하거나 인정하지 않는다는 것이 아니라, 도움을 청하는 사람을 판단하거나 비난하지 않고, 우리의 좁은 견해와 사고방식에서 탈피하여 고객의 관점에서 사물을 보려고 노력하는 자세에서 이루어진다.

진정한 이해는 상담자의 생각과 판단을 고객에게 강요하는 자세를 자제하는데에서 나온다.

상담자가 고객의 관점에서 모든 것을 이해하려고 하면 상담자가 자신의 능력을 증명해 보이고 싶은 욕망도 적어지며, 고객에게도 커다란 도움을 줄 수 있게 될 것이다.

5 고객에게서 답을 찾아라.

1) 새로운 차원에 관심을 가져라.

상담자는 상담 중에 길을 잃고 있다고 느껴지면 자신에게 '고객이 지금 나에게 무엇을 말하고 있지?'라는 질문을 던져 보아야 한다.

이는 고객의 말과 행동 자체를 보는 것이 아니라, 그들의 말과 행동을 상담자가 어떻게 받아들이고, 이해하고 있는지를 점검해 보는 것이다.

상담 중에 일어나는 여러 상황들을 정확하게 이해하기 원한다면 잠시 상담을 멈추고, 고객이 어떤 행동과 반응으로 그의 성격을 표출하고 있는지 확인하고, 자신은 이를 어떻게 받아들이고 있는지 살펴보기 바란다.

고객이 성격을 표출시키는 방법은 매우 다양하고 특별하지만, 실제적인 언어이기 때문에 상담자의 오해를 막아주며 자기 파괴적인 행동도 피하게 해주어 고객과의 관계를 보다 올바른 시각에서 이해할 수 있게 해준다.

고객과 그의 세계를 이해하는 데에는 그 밖의 여러 방법들이 있다. 즉, 고객의 옷 입는 스타일이나 좋아하는 책, 아끼는 물건, 취미 등과 같은 정보들을 통해서 그가 어떤 유형의 사람인지 짐작할 수 있다.

이와 같이 무의식 중에 전달되는 특별한 언어들은 사소하면서도 매우 강력한 영향력을 지니고 있다. 어떤 경우에는 조용하고 상징적인 방법을 통한 자아표출이 직접적으로 전달하는 말보다 중요하다.

이처럼 고객이 간접적으로 보내는 메시지들을 어떻게 받아들이고 있는지 점검해 보면 상담 중에 잃어버린 방향 감각을 다시 찾게 될 것이다.

다음에 설명하는 몇 가지 감정들을 느끼게 될 때에 우선 자신을 점검해보고 자신에게 아무런 문제가 없으면 그 원인을 고객에게서 찾기 바란다.

(1) 무력감을 느낀다.

이 느낌은 모호하기는 하지만 불쾌한 경험이며, 이런 감정을 느끼게 되면 보통 대부분의 상담자는 자신에게서 그 원인을 찾아내려고 한다.

'내가 고객과의 상담 중에 부주의해서 중요한 내용을 놓쳤는가? 아니면 충분한 연습이나 지식이 부족해서인가?'하고 자신에게 반문한다.

그러나 이 질문이 무력감에 대한 해답이 되지 않는다면, 그 원인을 고객에게서 찾아야 한다. 상담자에게 별다른 문제가 없음에도 불구하고 무력감을 느끼는 이유는 고객이 느끼는 무력감이 상담자에게 전달되기 때문이다.

(2) 분노를 느낀다.

이 경우에도 자신에게 분노를 느끼는 이유를 점검해보고 별다른 문제점이 발견되지 않으면 고객에게서 원인을 찾기 바란다. 상담자가 아무런 이유 없이 고객에게 분노의 감정을 느끼지는 않기 때문이다.

상담자는 마음의 문을 열고 고객의 고민을 해결하도록 돕기 원하며, 그들의 정서에 깊은 관심을 기울인다. 그러므로 특별한 이유 없이 분노나 좌절감이 느껴진다면 이는 고객의 수동적인 공격성 때문이라고 생각해야 한다.

수동적인 공격성이라는 성격장애는 신경증과는 달리 본인이 이 문제로 고민하거나 걱정하지 않는 상태에서 일생 동안 계속되는 장애이다.

그들은 본인이 인식하지 못하는 상태에서 간접적으로 공격적인 적대감을 표출한다. 수동적인 공격성은 직접 상대방을 공격하지 않고, 간접적인 방법으로 상처를 입힌다.

수동적인 공격성을 지닌 사람은 불안을 느끼지 않으며, 이 성격장애를 고치고자 하는 동기도 없다. 수동적인 공격성을 지닌 사람은 결혼생활이나 직장생활이 원활하지 못하나, 그 원인이 수동적인 공격성에 있다는 사실을 인지하지 못한다.

따라서, 상담자가 분노나 짜증과 같은 감정을 느끼는 이유는 고객의 수동적인 공격성 때문인 경우가 많다.

(3) 두려움을 느낀다.

이 감정은 분노만큼 자주 나타나는 반응은 아니지만 상담 상황을 정확하게 알려주는 척도가 된다. 편집증 환자는 분명한 이유 없이 두려워하게 되는데, 이들이 느끼는 두려움은 상담자에게 전이된다.

편집증 환자는 보통 지적이고 매력적으로 보이며 상담에 적극적으로 임하기 때문에 그들에게 문제가 있다고 생각하기는 어렵다. 그러나 그들의 편집증적인 장애가 상담지의 행동을 일관성 없게 만들며 당황하게 하고, 두려움을 느끼게 한다.

사실 이런 유형의 고객은 비전문 상담자가 감당하기 어려운 고객이기 때문에 보다 경험 많고, 경력이 높은 미용사나 관리상담자가 상담하여야 한다.

(4) 우울해진다.

어떤 고객은 대인관계에서 항상 우월한 위치에 서고 싶어한다. 이런 유형의 사람들은 상담자와 만났을 때에도 무의식 중에 그들보다 한 수 앞서고 싶어한다.

만약 이런 유형의 고객을 만났을 때, 상담자가 이들의 성격 유형을 파악하지 못하면 둘 사이에는 긴장감이 생기게 된다. 처음에는 긴장감이 감돌다가 우울해진다. 이 우울은 고객의 경쟁적인 태도 때문에 느끼게 되는 분노를 정당한 방법으로 표출하는 감정이다.

왜냐하면 상담자는 고객에게 분노의 감정을 표현하면 안된다고 생각하기 때문에 다른 합당한 방법을 통해 분노를 표출하게 되는 것이다.

이 밖에도 상담자가 느끼는 여러 반응과 감정들을 살펴보면 상담에서 겪게 되는 어려움의 원인을 밝혀낼 수 있게 될 것이다.

2) 무엇을 얻을 수 있는가?

상담자가 상담 과정에서 부정적인 감정을 느낄 때 그 원인이 고객에게 있을 수 있다는 사실은 상담자에게 자신감을 가져다 줄 것이다.

상담자는 자신의 위치를 정확하게 인식할 수 있으며, 고객이 애매하고 모호한 메시지를 보내더라도 심리적인 압박감이나 스트레스를 줄일 수 있게 된다.

이와 같이 상담 중에 문제가 발생했을 때 문제의 원인이 어느 쪽에 있는지 정확하게 파악하기 위해서는 다른 전문가의 도움이 필요하기도 하고, 경험과 훈련을 통해 얻어지기도 하지만 조금만 주의를 기울인다면 보다 큰 자신감으로 상담에 임하게 될 것이다.

TOP 스타일리스트들의 심리 상담 전략

1) **내 고객 이름 외우기** : 단골이라는 인식을 각인시킨다.
2) **앞머리 CUT를 많이 받음** : 자주 오고 멋을 잘 내는 사람이다.
3) **개인 복장과 스타일에 신경 쓸 것** : 스스로 꾸미고 전문가다운 모습을 고객에게 보여준다.
4) **남성 CUT(or 학생 CUT) 고객은 특성상 주변 사람들을 많이 소개해 준다.**
5) **고객에 대한 정보를 최대한 기억할 것** : 옷, 액세서리, 가방, 기타 관심사 공감 등
6) **미용 외 최신 트렌드를 파악할 것** : 영화, 시사, 드라마, 최근 핫이슈 등
7) **단발머리 고객을 공략할 것** : 재방문 주기가 빠르다.
8) **지갑을 열 것** : 내 직원과 고객에게 지갑을 연다.
9) **특별한 고객이라는 인식을 강하게 심어줄 것** : 두터운 신뢰가 쌓인다.
10) **고객의 말을 주의 깊게 경청할 것**

경남 거창 고등학교 '직업 선택의 십계명'

1. 월급이 적은 쪽을 택하라.

2. 내가 원하는 곳이 아니라, 나를 필요로 하는 곳을 택하라.

3. 승진의 기회가 거의 없는 곳을 택하라.

4. 모든 조건이 갖춰진 곳을 피하고 처음부터 시작해야 하는 황무지를 택하라.

5. 앞다투어 모여드는 곳에는 절대 가지 마라. 아무도 가지 않은 곳으로 가라.

6. 장래성이 전혀 없다고 생각되는 곳으로 가라.

7. 사회적 존경을 바라볼 수 없는 곳으로 가라.

8. 한가운데가 아니라 가장자리로 가라.

9. 부모나 아내나 약혼자가 결사 반대하는 곳이면 틀림없다. 의심치 말고 가라.

10. 왕관이 아니라 단두대가 기다리고 있는 곳으로 가라.

경남 거창 고등학교의 '직업 선택의 십계명'이다. 주요 포털 사이트 검색창에 '거창고등학교 십계명'이 아예 등록되어 있을 만큼 유명하다.

'직업 선택의 십계명'은 4대 교장을 지낸 전성은씨와 5대 교장 도재은씨가 1980년대 초에 만들었다.

나 자신이 소중한 만큼 남도 소중하고 더불어 살아가야 한다는 진리를 학생들이 몸속에 익혀 나가도록 하고 있다. 또한, 다른 사람 위에 군림하는 사람이 되기 보다는 남을 위해 살아가는 사람이 되라는 정신을 반어적 표현을 통해 엿볼 수 있다.

3 살롱 실전 상담 기법

1 상담의 기본 전략

상담 기법의 종류는 그 수를 헤아리기 어려울 정도로 다양하고 많지만 모든 상담에서 공통적으로 적용되는 기본 전략을 정리하면 다음과 같다.

① 고객에게 일어났던 최근의 의미있는 생각에 초점을 맞춘다.

② 일반적이고 모호한 내용에서 구체적인 내용으로 집중한다.

③ 스타일이나 고객의 선호도 나열보다 미용 분야와 관련된 고객의 감정에 초점을 둔다. 즉, 시술 자체보다 그에 수반되는 고객의 반응과 정서 내용에 주목한다.

④ 상담자와 고객간의 나와 너의 관계를 구축하여 고객 변화의 장으로 삼는다.

⑤ 미래나 과거에 관련된 시술들에 대한 의미 없는 조사보다는 상담 장면의 현재와 살롱에서의 고객 감정과 행동에 주목한다.

⑥ 다른 사람과 자기만족에 대해 기술한 내용의 이해보다는 고객의 현재 하고 있는 적응 행동의 효과성을 검토하도록 한다.

⑦ 바람직한 고객의 언행, 미용사의 자기탐색 노력을 강화한다.

⑧ 자기표현 훈련, 긴장이완 훈련, 정신안정 훈련을 필요에 따라 고객과의 합의하에 실시할 수 있다.

⑨ 상담의 진행 결과와 최초에 상호 합의한 스타일을 비교 검토한다.

⑩ 상담 관계와 고객의 일상생활 장면 간의 차이를 검토하여 현실적인 스타일을 협의하는 것이다.

2 구체적 상담 기법

1) 수용

고객의 이야기에 주의를 집중하고 있고, 수용하고 있다는 것을 보여주는 기법이다. 고객이 자신의 문제를 진술할 때 주로 많이 나타나는 "음~", "네~" 등의 긍정적 언어표현과 함께 표정, 몸짓 등의 비언어적 요소도 포함된다.

일단 관계형성이 원활하면 고객으로부터 많은 정보가 나오는데, 상담자는 고객이 정보 이상의 그 어떤 것을 표출하도록 도와주어야 한다.

즉, 고객은 무슨 이야기를 하고 있든 간에 거기에 수반되는 감정이 있게 마련인데 그 고객의 감정표현을 격려하여 끄집어낼 수 있도록 해야 한다.

이 감정표현, 즉 상담에 도움이 되는 형태로 감정을 표현하게 한다는 것은 상담과정의 여러 가지 요소 중에서 매우 중요한 요소이다. 그렇다면 감정표현을 돕는 결정적인 기술이 무엇인가 하는 것이 중요한데 그것은 바로 고객의 이야기나 생각이나 감정 또는 정서를 수용하는 기술이다.

수용은 고객의 이야기에 주의를 집중하고 있고 고객을 인격적으로 존중하고 있음을 보여주는 기법이다.

예컨대, "으음", "예", "편안히 말씀하세요.", "그렇군요." 등의 간단한 문구로 표현된다.

이런 반응들은 "안심하시고 계속하십시오. 당신의 스타일이나 원하는 것을 솔직히 말하는 것은 부끄러운 일이 아닙니다." 라고 말해주는 셈이며, "당신의 고충을 인간적으로 이해하고 있습니다."는 뜻도 전달되며 고객의 말을 해결해 줌으로써 면담이 부드럽게 진행되어 간다는 느낌을 갖게 해주는 것이다.

(1) 수용의 요소

① **고객에게 시선을 주는 주목 행동**

고객에 대한 지속적인 시선은 상담자가 고객을 수용하여 주의를 기울이고 있음을 전달하는 효과가 있다.

② **상담자의 표정과 고개 끄덕임**

고객들은 상담자의 관심이 위선인지 아닌지 직관적으로 알아차리므로 상담자는 자기 얼굴에 진실한 관심을 나타내야 한다.

③ **상담자의 어조와 억양**

고객은 상담자의 어조와 억양을 통해 자기의 이야기를 받아들이고 있는지 알 수 있다.

④ **상담자의 자세와 태도**

고객들은 상담자의 작은 행동에도 민감하므로 자연스럽지 못한 행동이나 불쾌감을 주는 태도를 취하지 않도록 해야 한다.

2) 경청

말을 하지 않으면서도 면담에 적극적으로 참여하는 기법이다. 침묵의 효과적인 처리로서 고객으로 하여금 적극적으로 상담과정에 참여하게 하고 또 자신의 이야기에 대해서 생각할 여유를 주고 통찰의 기회를 제공한다.

일반적으로 '듣는다'라는 의미를 가진 "hearing"과 "listening"에는 다른 의미가 있다. hearing은 자신을 위하여 정보를 얻는데 목적이 있는데 반하여, listening은 다른 사람을 향하여 공감(empathetic)을 하는 것이며 돌봄을 위한 것이다.

listening을 통해 우리는 다른 사람의 감정을 이해할 수 있고, 또 그를 위하여 듣는 것이다. hearing은 좌담의 결과로서 내가 소유할 결과와 내 안에 그 무엇인가에 의하여 결정짓게 되는 것이다.

listening은 고객을 위하여 무엇을 할 것인지에 대한 세심한 관찰이며 동시에 내면 세계에서 할 수 있는 것이 무엇인지에 의하여 결정짓게 되는 것이다. 그러므로 listening을 통해 우리는 무엇을 들었는지(heard) 해석과 이해를 시도하는 것이다. 이처럼 hearing과 listening은 많은 차이가 있다.

Paul Wikzak는 여기에 대하여 "listening은 다양한 인식이 포함되어 있고, 개인적인 접촉이나 오늘날 우리에게 필요한 전체적인 감정의 반응으로서 가슴(heart)을 의미한다."고 말했다.

우리는 머리로 들을 수 있다. 우리는 사람의 메시지의 핵심들을 이해할 수 있고, 의사소통된 것이 무엇인지 조직적으로 분석할 수 있다. 이것은 인식적인 공감으로서 쉽게 배울 수 있다. 그러나 인식적인 공감은 몇 가지 제한성이 있다. 그것은 명백하게 말한 내용이 무엇인지 무시되어지고, 의미의 차원을 잊어버리게 된다. 또한 인식적 공감은 일반적으로 말없이 나타나고 표현이나 감정을 빠뜨리게 된다.
이처럼 인식적인 공감은 사람의 경험의 중심인 가슴에서부터 다른 메시지가 된다.

위에서 Paul Wikzak가 지적한대로 상담에서의 listening은 hearing의 차원을 넘어서 대단히 중요한 의미를 가진다. 그러므로 listening은 고객, 친구 또는 가족을 위해서 줄 수 있는 최고의 사랑의 선물이다.

(1) 경청의 종류

① **수동적인 경청(passive listening)**

㉠ 환경과 내담자를 포함하는 매우 유익한 결과 제공

㉡ 예를 들면 "아-, 예, 으음, 예-" 이런 반응은 당신의 참여가 다른 사람을 향한 암시적인 표징이 되므로 고객을 향한 끊임없는 격려가 될 것이다.

② **적극적인 경청(active listening)**

㉠ 보다 창조적인 경청 가능

㉡ 더 많은 기술을 요한다. 고객의 기분, 느낌, 관심을 잘 파악하여 느낌의 자각을 시도하지만 대화 가운데 상담자 자신의 편견을 갖지 않는다.

㉢ 상담자가 고객의 기분, 느낌, 관심을 파악하므로 고객 자신의 대답을 가리킨다.

㉣ 상담자는 고객이 이미 말한 내용을 발전시키거나 명료화하므로 고객이 원하는 감정을 더 잘 표현해 준다.

㉤ 감정의 자각을 잘 표현하지만 대화의 내용에 어떤 실제적인 내용보다 감정을 더 중요시한다.

㉥ 경청하는 사람은 자신을 잘 이용하게 하여 고객이 만족할 때까지 주의를 기울인다.

(2) 경청의 요소

① 시선을 통한 상담자와 고객의 접촉

② 상담자의 이완된 자세

③ 상담자의 몸짓

④ 상담자의 언어 행동

3) 탐색

고객에게 필요한 정보를 얻거나 내담자의 사고를 미리 지시하거나 내담자가 선택한 주제를 정교화하는 의미를 갖는다.

그러므로 탐색적 질문은 정보를 얻기 위해서 사용하는 것이 아니며, “예” 혹은 “아니요”로 대답될 수 있는 것도 아니다.

탐색적 질문은 상담자의 관심의 범위보다는 오히려 내담자로 하여금 자유로이 탐색하고 그가 원하는 곳으로 면접을 이끌도록 허용하는 개방적 질문이다. 이같은 질문법은 그 질문들이 상담자의 이해를 증진시키기보다는 오히려 고객의 이해를 돕는데 있다. 개방적 질문의 하나의 예는 “당신의 부모님과 잘 지내고 있습니까?”가 아니라 “당신의 부모와 당신의 관계에 관해서 좀더 설명해 주실까요?’라고 말하는 것이다.

또 다른 예로는 “실패란 무슨 뜻이지요?”, “그것들이 어떻게 그들의 감정들을 나타냅니까?” 등이 있다.

“어떻게(How)” 혹은 “무엇(What)”이란 말로 시작하는 질문들은 긴 설명을 동반하는 반응을 끌어내는 경향이 있다. 그 효과는 “입니까” 혹은 “합니까”로 시작하는 질문들과는 다르다.

위의 서술적 질문에 대해서 내담자가 간단히 “예” 혹은 “아니요”로 대답하기는 어려울 것이다.

(1) 탐색적 질문의 요령

① "예"나 "아니요"로 대답할 수 없는 개방적 질문(open-ended questions)으로 물을 것.

② 정보보다는 오히려 고객이 말한 바 그것에서 감정들을 끌어내는 질문을 할 것.

③ 상담자를 위한 정보보다는 오히려 고객으로 하여금 명료성에 이르게 하는 질문을 할 것.

그 밖에 보다 깊은 이해를 위한 질문법으로는 구체적인 대상이나 내용이 생략된 채 표현된 진술 중 그 생략된 대상이나 내용에 고객의 이해나 문제 해결에 중요한 단서가 있을 때가 있는데, 이때 상담자는 그 생략된 대상이나 내용에 대하여 질문을 하게 된다.

예컨대 "나는 무서워요"라고 내담자가 말했다면 누가 무서운지, 얼마나 무서운지, 왜 무서운지, 언제 무서운지, 어디에서 무서웠는지 등이 생략되어 있기 때문에 상담자는 "누가 무섭다는 말인가요?"하고 생략된 부분에 대하여 질문을 할 수 있어야 한다.

4) 안심화

넓은 의미에서 고객에게 지지를 보장해 주는 것이다. 고객의 현재 신념 체계에 상담을 맞추어 주고, 내담자의 의견에 동조해줌으로써 불안과 불안정감을 감소시키는 기법이다.

고객의 언어화에 대하여 시인해주고 숙지해주는 방법과 상담 장면 이외에서의 활동을 예견하거나 추후 기술하는 방법이다.

5) 공감적 반응

공감은 고객이 경험한 정서를 같이 경험함을 의미하며 동감이나 동정과는 다르다.

상담자는 고객의 감정을 그의 입장에서 이해하고 느낄 뿐 아니라 이해하고 느낀 감정을 고객에게 말로 표현해서 전달해 주어야 한다.

6) 반영

고객에 의해서 표현된 기본적인 태도, 주요 감정을 새로운 용어로 정리해 주는 것이다.

고객의 말을 그대로 되풀이하거나 그 내용을 반영하는 것이 아니라 그 밑바탕에 흐르고 있는 감정을 파악하는 것이 중요하다.

그렇기 때문에 반영은 앞에서 다룬 공감 반응과 거의 유사하거나 동일한 것이다.

반영을 사용하는 주요 목적은 상담자의 경험을 이해하고 고객의 세계를 보고 있는 그 방식으로 상담자가 고객의 세계를 지각하려고 애쓰는 것을 고객에게 말하려는 것이다.

(1) 반영의 내용에 포함되는 감정과 경험의 세 영역

① 감정의 반영은 말로 진술되었거나 혹은 강하게 압축되어 있는 고객의 본질적인 감정들을 생생한 어휘들로 표현하는 것을 뜻한다.
감정의 반영의 목적은 말의 내용보다도 오히려 감정에 초점을 맞추는 것이고, 애매하게 표현된 감정들을 보다 분명한 의식으로 이끌려는 것이며, 그리고 그의 감정을 자기 자신의 감정으로 만들도록 도우려는 데 있다.
종종 고객들은 마치 감정들을 그들 자신의 것이 아닌 양 "그것"이라든가 혹은 "그들"이라는 말로써 제3인칭으로 그들의 감정에 관해서 이야기한다.
그러므로 이것은 우리가 그로 하여금 그 감정을 다시 자기 것이 되도록 돕는 의도로서 왜 우리가 일반적으로 "당신이 느끼기에는..."라는 식의 말로 반영을 시작하는가에 대한 이유이다.

② 상담자가 비언어적으로 표현하는 신체 언어를 읽는다는 점에서 언표된 감정의 반영을 능가한다. 고객에게서 관찰하는 총체적 경험에 반영한다.
예를 들면, 상담자는 말의 속도, 숨의 가쁨, 한숨, 홍조, 자세 바꾸기 그리고 눈초리 등을 고객 감정의 단서들로 주목한다.
경험의 반영이란 고객의 감정이 신체적 언어에 숨겨져 있을 때에는 고객의 행동을 묘사하고 그리고 나서 감정을 반영하는 것이다.
예를 들면 다음과 같다.

"당신은 미소를 짓는군요(행동묘사). 그러나 당신은 속으로는 참 가슴아파하는 것 같군요(감정의 반영)"

"당신은 참으로 당신이 그 여자를 위해 걱정하고 있다고 말합니다(묘사). 그러나 거의 매번 당신이 그 여자에 관해서 말을 할 때에는 주먹을 쥐는군요(묘사). 아마 당신은 매우 그 여자에게 분노를 느끼고 있는 것 같군요(감정)"

③ 내용의 반영은 고객의 본질적인 생각들을 보다 짧고 신선한 말로 되풀이하는 것인데, 그러므로 '재진술'과 거의 같은 것이다.

이것은 고객이 어렵게 표현하고 그리하여 혼동된 생각들을 명료하게 하기 위해서 사용된다.

예를 들면 그는 생각들을 간단하고 분명하게 표현할 어휘가 부족할지도 모른다. 그러므로 내용의 반영은 자기 자신을 표현할 수 있는 단어를 고객에게 주는 기술을 의미한다.

때때로 고객이 한 말을 그것의 중요한 단어를 강조하면서 되풀이해 말해 주는 것이 도움이 된다.

이상 세 가지의 반영하는 기술들은 실제 실행에 있어서는 서로 혼합되어 있기 때문에 상호 구분이 명확하지 않다.

그리고 반영 시 주의해야 할 점은 판에 박힌 천편일률적인 단조로운 방식이 되지 않도록 해야한다.

(2) 반영의 문제점

① 상투적 문구

"당신이 느끼기에는 … ", "당신이 생각하기는 … ", "그것이 당신에게는 … ", "… 처럼 보이는군요.", "나는 …이라고 짐작합니다."라는 말을 상투적으로 사용하는 것에 주의해야 한다.

이 같은 판에 박힌 어투는 불성실의 표현처럼 보이기 쉽고, 어휘구사가 빈곤한 것 같은 인상을 주기가 쉽다.

② 반영의 적절성

또 하나 주의해야 할 점은 타이밍(timing)이다. 때때로 초보 상담자들은 고객이 하는 것의 모든 문장의 끝에다 반영을 하는 습관이 들거나, 혹은 긴 독백이 끝나기를 기다리고 나서 영웅적으로 단 한 문장으로 그 복잡한 감정들을 포착하려는 노력을 하기도 한다.

매 문장마다 반영을 하는 것은 불필요하다. 그러나 반영하기 위하여 가끔 고객의 말을 중단시키는 것은 효과적이다.

보통 수긍하는 의미로 고개를 끄덕이거나, 가벼운 "으흠" 혹은 "아 그래요"라고 응수하면서 반영의 적절한 시기가 보일 때까지 계속 격려하는 것은 도움이 된다.

고객이 아직 준비되어 있지 않는 감정의 지나친 깊이까지 파고 들어가는 것은 상담을 자칫 지연시키는 결과가 될 수도 있다.

③ **반영한 느낌의 선택**

고객이 상처받지 않도록 상담자는 어떤 느낌을 정확하게 선택해서 적절하게 반영해 주어야 한다.

④ **반영 시 피해야 할 오류**

㉠ 고객이 사용한 것과 같은 표현으로 반영하는 경우 : 반복적인 반영은 고객에게 거부감을 일으키고, 상담을 지속할 수 없게 만든다.

㉡ 반영의 깊이가 너무 피상적이거나 너무 깊은 경우 : 고객의 말에서 표현된 감정의 정도 만큼만 반영하도록 한다.

㉢ 고객의 말에서 표현한 의미를 첨가하거나 삭제하는 경우 : 적절한 의미를 정확하게 반영하는 것은 쉬운 일이 아니므로 자신의 판단 기준에 의해 반영되지 않도록 주의해야 한다.

7) 명료화

고객의 말 속에 포함되어 있는 불분명한 측면을 분명하게 밝히는 반응이다. 즉, 고객의 실제 반응에서 나타난 감정, 생각 등에 암시되었거나 포함된 의미를 명확하게 부각시켜서 말해주는 것이라고 볼 수 있다.

명료화는 고객이 애매하게만 느끼던 자료나 의미를 상담자가 밝혀준다는 점에서 고객의 자기 이해를 촉진해주는 기법으로 볼 수 있다. 이 명료화는 앞에서 말한 반영기법과 비슷한 것 같으면서도 차이가 있다. 반영은 상대방의 말의 요점을 다시 확인시켜 주는 반응으로 고객의 말을 반복해주는 것이나, 명료화는 그대로 재확인하여 주기보다 고객이 말한 의미(요점)를 분명하게 부각시켜 준다는 점에서 차이가 있다.

두 기법 간의 공통점은 둘 다 고객이 말한 것에 첨삭을 가하지 않는다는 점이다.

(1) 명료화의 의미

① 고객의 말 중에서 모호한 점을 고객이 확실히 알도록 해주는 것이다.

② 고객이 말하고자 하는 의미를 상담자가 파악하고, 이를 다시 고객에게 말해 준다.

③ 명료화 하도록 요청하는 것은 고객 자신이 한 말을 요약하거나, 예를 들거나, 새롭게 표현하도록 함으로써 이야기의 의미를 보다 본질적으로 분명하게 하는 것이다.

(2) 명료화의 지침

① 고객의 말이 모호하거나 잘 이해되지 않았음을 밝힌다.

② 고객 스스로 자기의 말을 재음미하거나 구체적인 예를 들어 명확히 해줄 것을 요청한다.

③ 상담자의 반응은 개인적인 반응이 되지 않도록 하며 직면과 같이 직접적이고, 강력하지 않게 해야 한다.

8) 구조화

상담자의 편에서 면담 진행의 성질, 조건, 제한점, 목적들을 제시하는 것이다. 즉, 고객에게 상담의 방향이나 전체적 형태를 제공하는 것이다.

예를 들면 시간, 행동, 역할 등의 제한 범위를 분명히 함으로써 효과적인 상담을 수행하는 방법이다.

(1) 구조화의 의미

고객에게 상담 과정에 대해 의도적으로 설명하거나 제약을 가하는 등 제한 조건 및 방향에 대하여 상담자가 정의를 내려주는 것이다.
구조화를 통해 고객은 상담 관계가 합리적인 계획을 가지고 있다는 점을 느끼게 된다.

(2) 구조화의 종류

① **암시적인 구조화** : 이미 알려진 상담자의 역할과 고객이 처해있는 상황이 자동적으로 상담 관계에 어떤 구조를 가하게 되는 것이다.

② **정규적인 구조화** : 고객에게 상담 과정을 의도적으로 설명하고 제약을 가하는 것이다.

(3) 구조화의 방법

① 상담자는 고객에게 상담 가능 시간을 말하고, 상담 기간과 시술 금액을 미리 말하는 것이 좋다.

② 고객이 감정을 직접적인 행동으로 표시하는 것에는 한계가 있음을 미리 밝힌다.

③ 상담자 역할의 한계를 이야기해줌으로써 상담을 대하는 데 혼란을 없앤다.

④ 상담이 성공적으로 되기 위해서는 고객이 상담 과정에서 중요한 몫을 수행해야 하는 책임이 있음을 깨달아야 한다.

⑤ 고객이 상담에 쉽게 몰두할 수 있도록 직접적인 조언이나 해답을 원하는 고객의 의존 욕구를 반영해주는 효과로써 상담 과정과 목표를 구조화한다.

(4) 구조화의 유형

① **시간의 제한**

㉠ 시간 제한이 있을 경우 : 상담자가 고객에게 시술 상담 및 시술 시간이 얼마 정도인지에 대해 사전에 양해를 구하는 것이 바람직하다.

㉡ 상담 과정에 대한 제한의 경우 : 시술 내용과 비용에 대해 미리 말해둠으로써 상담 과정을 성공적으로 이끌어 갈 수 있고, 고객도 안심할 수 있다.

② **고객 행동의 제한**

감정을 직접적인 행동으로 표시하는 것에는 한계가 있음을 밝혀둔다.

③ **상담자 역할의 구조화**

상담자 역할의 한계를 고객에게 이야기해줌으로써 상담자를 대하는 데에 혼란을 일으키지 않도록 해준다.

④ **고객 역할의 구조화**

상담을 성공적으로 마치려면 고객이 상담 과정에서 중요한 몫을 수행해야 하는 책임이 있음을 깨달아야 한다. 구조화를 통해 고객에게 알려주어야 하는 상담 면접의 자세는 다음과 같다.

㉠ 고객 스스로 자신의 습관, 생각, 감정 세계에 대해 탐색해야 한다.

㉡ 어떤 인물 전체를 비난하기보다 그 인물의 구체적인 행동 부분에 대한 불편감이나 자기 생각을 탐구하는 것이 바람직하다.

㉢ 자신의 감정은 현실적이고, 중요한 것이며 감정의 자유로운 표현은 결코 자신이 약하다는 뜻은 아니다.

㉣ 고객의 현재를 이해하기 위해서는 과거에 대한 탐색이 필요하다.

⑤ **과정 및 목표의 구조화**

㉠ 고객이 익숙하고 편안하게 그리고 가능한 한 빨리 상담 과정에 몰두할 수 있게 도와준다.

㉡ 직접적인 조언이나 해답을 원하는 고객의 의존 욕구를 반영해주는 효과가 있다.

㉢ 고객에게 상담의 철학적인 배경을 제시해준다.

9) 연결, 요약적 반응

한 주제를 끝내거나 면담이 끝날 때 사용되는 것으로 이미 언급된 사항들을 함께 묶어 요약해 주거나 다음번 시술 예약을 정하는 것 등이 포함된다.

10) 직면

고객이 의식할 수 있고 살필 수 있는 것을 지적해주고 그것이 고객 자신의 문제와 어떻게 관련되는지를 생각해 보도록 하는 작업이다.

자기 표현 훈련이나 역할 연습도 직면의 한 방편이라고 하겠다.

직면화란 고객의 자기 이해를 돕기 위하여 상담자의 눈에 비친 고객의 행동 특성 내지 사고 방식의 스타일을 지적해 상담자나 외부에 비친 자기의 모습을 되돌아보고 통찰의 순간을 경험케 하는 직접적이고, 모험적인 자기 대면의 방법이다.

11) 즉시성

즉시성이 유용한 경우는 다음과 같다.

① 방향감이 없는 관계의 경우
② 긴장이 감돌고 있을 경우
③ 신뢰성에 의문이 제기될 경우
④ 상담자와 고객 간에 상당한 정도의 사회적 거리가 있을 경우
⑤ 고객이 의존성이 있을 경우
⑥ 역의존성이 있을 경우
⑦ 상담자와 고객 간에 친화력이 있을 경우

12) 리허설

일단 상담과 시술 방법이 결정되면 미용사는 고객에게 결정된 내용을 다시 한 번 주지시켜 고객이 시술 과정을 상상할 수 있도록 하는 것이다.

① **명시적 리허설** : 고객으로 하여금 그가 하고자 하는 것을 표현하거나 혹은 행위로 나타내 보일 것을 요구하는 것
② **암시적 리허설** : 원하는 시술 내용을 상상하거나 숙고해보는 것이다. 때때로 고객은 리허설 기간 동안 미용사나 관리상담자에게 도움을 받을 필요가 있다.

13) 해석

고객이 겉으로 나타내는 문제가 내부적 정신작용에 관련되어 있는데도 이를 의식하지 못하거나 깨닫지 못할 때 그 관련성을 설명해서 이해시키는 방식이다.

주요 목표는 고객으로 하여금 그들의 생활 속의 사건들을 그들 스스로가 해석하도록 가르치는 데 있기 때문에 고객이 자신의 문제와 갈등의 근원과 적용의 문제성은 부분적으로 이해하고 있고 자신의 참모습을 직면할 만큼 준비가 되어 있을 때라야 효과적으로 받아들여지고 통찰과 이해를 증진시킨다.

한 번에 여러 가지를 해석해서도 별 효과를 못 보게 된다. 해석은 반영과도 밀접한 관련이 있는데, 그 중요한 차이란 해석은 고객의 기본적 메시지에 상담자의 의미들을 첨가하는 것이다.

해석의 유용성에 관한 최종적 결정은 그것이 고객으로 하여금 자기 자신이나 혹은 자신의 문제를 좀더 분명하게 이해하도록 돕는 것인가 아닌가, 그리고 나서 이 이해가 그에게 보다 효과적으로 행동하도록 촉발시키는가 아닌가에 달려 있다.

(1) 해석의 의의

① 고객이 자기의 문제를 새로운 시각에서 이해하도록 그의 생활 패턴과 행동의 의미를 설명하는 것이다.

② 해석은 느낌의 반영이나 환언과 비슷하지만, 해석을 할 때 상담자가 고객에게 보다 새롭고 기능적인 참조세계를 제공하게 된다는 점이 다르다. 상담자와 고객의 견해가 일치되어야 해석이 받아들여진다.

(2) 해석의 수준

① 고객의 참조 체계와 상담자가 해석을 통해 제공하는 참조 체계 간의 간격 또는 차이의 정도로 볼 수 있다.

② 해석은 해석자의 이론적 입장에 따라 다양하므로 성공적인 상담을 하기 위해서는 여러 수준의 의미와 다양한 표현으로 해석할 수 있어야 한다.

③ 해석이 실패했을 때 그 원인을 생각해보고 고객에게서 보다 의미있는 반응을 이끌어 낼 수 있도록 하는 것이 좋다.

(3) 해석의 제한성

① 저항의 발생

② 해석으로 인한 극지화 발생

(4) 해석의 제시 형태

① **잠정적 표현** : 상담자가 판단한 내용을 단정적으로 해석해주기보다는 암시적이거나 잠정적인 표현을 사용한다.

② **점진적 진행** : 상담자의 해석은 고객의 생각보다 뒤늦어서도 안되고 너무 앞서도 안 된다. 고객이 생각하거나 느낀다고 믿는 방향으로 점차적으로 진행하여야 한다.

③ **반복적 제시** : 필요하고 타당한 해석이 고객으로부터 저항을 받게 되면 적절한 때에 부수적인 경험적 증거를 제시하며, 해석을 반복해야 한다.

④ **질문 형태의 제시** : 해석은 고객을 관찰하여 얻은 예감이나 가설을 바탕으로 하기 때문에 가능한 한 질문 형태로 한다.

⑤ **감정 몰입을 위한 해석** : 인지적인 차원보다는 감정적 차원에 초점을 맞추는 것이 좋다.

14) 환언

(1) 환언의 효과

① 바꾸어 말해줌으로써 고객의 입장을 이해하려고 상담자가 노력하고 있음을 알려준다.

② 고객이 한 말을 간략하게 반복함으로써 고객의 생각을 구체화한다.

③ 고객이 말하고 있는 바를 상담자 자신이 제대로 이해하고 있는지를 확인할 수 있다.

(2) 느낌의 반영과 환언의 차이점

느낌의 반영과 환언의 차이점은 '무엇을 강조하느냐'이다. 반영은 고객의 말과 행동의 정서적인 측면에 초점을 두는 반면, 환언은 인지적 측면과 내용을 강조한다.

(3) 주의할 점

① 상담자가 고객의 말을 바꾸어 말할 때는 전달하고자 하는 요점을 분명히 전달하도록 한다.

② 환언은 내용의 명료화와 요약 및 주제의 부각이라는 차원에서 사용하도록 한다.

15) 요약

(1) 요약의 의미

① 여러 생각과 감정을 매회 상담이 끝날 무렵 정리하는 것이다.
요약의 기본은 대화의 내용과 감정들의 요체 그리고 일반적인 줄거리를 잡아내는 것이다.

② 고객의 진술을 요약함으로써 상담의 진행 방향과 현위치를 알게 해주는 효과가 있다.

(2) 요약의 목적

① 고객이 의식하지 못한 면을 학습시키고, 탐색하도록 돕는다.

② 상담을 자연스럽게 종결하며 생각을 정리하고, 새로운 해결책을 강구하게 한다.

③ 고객이 한 말의 전체적인 면을 상담자가 올바르게 지각하고 있는지 검토해 볼 수 있다.

④ 상담의 연속성을 확실하게 한다.

⑤ 상담에서 탐색된 주요 문제점, 진행 정도 및 다음 단계에 대한 계획을 파악하는데 도움이 된다.

(3) 요약의 과정

① 고객의 말 중에서 중요한 내용과 감정에 주의를 기울인다.

② 파악된 주된 내용과 감정을 통합해서 전달한다.

③ 상담자 자신의 새로운 견해를 추가하지 않는다.

④ 요약할 상대를 결정한다.

16) 침묵

침묵은 하나의 의사소통의 방식에 포함된다. 상담에서 대화의 중단 또는 고객의 침묵은 자주 일어나는 일이다.

(1) 침묵의 원인

① 상담자 개인에 대한 적대감에서 오는 저항이나 불안

② 고객이 상담자에게 재확인을 바라거나 상담자의 해석 등을 기대할 때

③ 고객이 이전에 표현했던 감정 상태에서 생긴 피로 회복의 의미

(2) 벤자민(Benjamin, 1987)이 말한 침묵의 유형

① 고객이 자신의 새로운 생각을 정리하고 있을 때

② 전에 이야기했던 상황에 혼란스러워 하거나 정리하고 있을 때

③ 지금 해야 할 일을 앞두고 잠깐 쉬고 있다는 것을 의미

고객의 침묵을 존중하는 것이 중요함

(3) 고객 침묵의 발생 원인

원한, 당혹감, 혼란, 곤혹감, 적대감, 저항, 불안, 거절, 큰 감사 등

① **침묵의 긍정적 의미** : 사려 깊음, 폭로, 따뜻함, 순종, 주의 집중, 고려

② **침묵의 부정적 의미** : 무지함, 비밀, 냉정함, 공격, 싫증, 무관심

침묵은 고객뿐만 아니라 상담자에게도 좋은 소통의 방법

3 전략적 사고의 패턴 분석과 실전 전화 응대 요령

1) 심리 상담을 위한 전략적 사고 유형

(1) 제로 베이스적 사고(Zero based thinking)

① 개념과 목적

㉠ 성공한 사람들의 편견이나 고정관념을 극복하는 것이다.

㉡ 모든 것을 백지 상태에 두고 처음부터 다시 생각함으로써 문제 해결에 필요한 새로운 시각을 도입하고 참신한 아이디어를 도출할 수 있기 때문이다.

② 창의적 사고와 유사한 점

㉠ 과거부터 현재까지 축적된 자료나 산출물들을 인정하지 않는다.

㉡ 창의적 사고 : 새로운 발상을 장려한다.

③ 장점

원인 분석에 대한 객관적인 접근이 용이하다.

④ 적합한 상황

점진적 개선(X) → 파격적 혁신이나 새로운 아이디어가 필요한 상황(O)

⑤ 제로 베이스적 사고가 필요한 경우

㉠ 조직이 매너리즘에 빠져서 새로운 아이디어가 나오지 않을 경우

㉡ 예상치 않은 성과를 거두었을 경우

㉢ 예상하지 못한 큰 실패를 했을 경우

㉣ 환경이 급격하게 변하고 있는 경우

㉤ 새로운 시장에 진출할 경우

㉥ 경쟁자가 강력하게 추적해 오는 경우

㉦ 고객 입장에서 고객 가치를 창출하는 경우

㉧ 수년간 적자를 거듭하는 고질적인 문제를 안고있는 기업의 경우

㉨ 대안을 만들 경우(second thought, plan-B)

㉩ 사귀던 사람과 이별한 경우(sunk cost : 매몰비용에 대한 미련을 버려야 하는 경우)

(2) 사실 베이스적 사고(Fact based thinking)

① **개념** : 어설픈 추측이나 짐작보다 현장에서 발생하는 사실(fact)을 중시한다.

② **제로 베이스적 사고와 일치하는 점** : 정보의 수집, 축적, 분석을 중시하는 분석적 사고로 현실을 직시하면서 고정관념과 매너리즘에서 탈피하고자 하는 시도

③ **제로 베이스적 사고와의 차이** : 기존에 축적되어 있는 사실적 자료에 가치를 중요시 한다.

④ **경영 이론**

㉠ 사실경영(fact management)

㉡ 증거기반경영(evidence based management)

㉢ 현장중심경영

⑤ 파격적인 개혁보다는 점진적 개선을 추구한다.

⑥ 사실 베이스적 사고는 인기 있는 기법은 아니지만 가장 안정적이고 신뢰할 수 있는 접근 방식이다.

⑦ **사실 베이스적 사고(Fact based thinking)가 필요한 경우**

㉠ 근거 없는 낙관론이 만연한 경우

㉡ 상호 불신이 팽배한 양자 간 협상의 중재가 필요한 경우

㉢ 현장의 요구를 외면하는 문서주의, 관료주의, 탁상행정주의에 대한 개혁의 필요한 경우

㉣ 악성루머가 난무하는 경우

㉤ 특정 개념이나 인물에 대한 감성적, 심리적 애착이 과도한 경우

㉥ 사내 커뮤니케이션이나 정보 공유가 제대로 이루어지지 않는 경우

(3) 가설 지향적 사고(Hypothesis based thinking)

① **개념** : Zero Based Thinking, Fact Based Thinking과 상반되는 점

② 경험과 직관을 중시한다.

③ 문제 접근 방법에서 개연성이 높은 가설을 설정함으로써 문제 해결을 시도한다.

④ 아무 생각 없이 들여다보거나 무작정 정보를 수집하는 것이 아니라, 현실타당성이 높은 가설을 미리 추론한다.

⑤ 그 가설의 검증에 노력을 집중함으로써 분석의 초점을 맞추고, 정보수집 비용과 시간을 절약하며, 문제 해결의 성공 가능성도 높일 수 있다.

⑥ 시급한 문제를 신속하게 해결하고자 하는 시도로 문제 해결을 위한 일종의 선택과 집중전략으로 이해할 수 있다.

⑦ 핵심성공요인(CSF, Critical Success Factor)을 파악하는 기법은 가설 지향적 사고에 근거하고 있다.

⑧ **가설 설정(예시)** : "부패하기 쉬운 제품의 재고 관리에 문제가 있을 것이다."

⑨ **가설 검증** : 재료의 구매량, 판매량, 재고 회전율에 대한 정보를 집중적으로 분석한다.

⑩ **해결대안 모색과정에서의 가설 설정**

"재고관리가 어려운 제품은 가격을 낮추어 판매함으로써 재고문제를 해결할 수 있다." → 해결방안으로서의 타당성을 검증

⑪ **가설 지향적 사고(Hypothesis based thinking)가 필요한 경우**

㉠ 문제 해결을 위한 시간이 촉박한 경우
㉡ 일반적으로 나타나는 정형적인 문제의 원인 분석이나 해결 방안을 수립할 경우
㉢ 난해한 문제에 대해 이런저런 해결책을 다양하게 구사해 보는 '진흙 밭 헤쳐 나가기(muddling through)' 전략을 채택할 경우
㉣ 여러 그룹과 팀들이 감정적으로 대립하고 있는 경우
㉤ 실험, 시행착오, 실패가 비교적 자유스럽게 허용되는 경우

(4) 미시적 사고 MECE(Mutually Exclusive, Collectively Exhaustive)

① **ME(Mutually Exclusive)** : 분류된 것이 상호 중복되지 않아야 함

② **CE(Collectively Exhaustive)** : 전체적으로 누락이 없어야 함

③ **MECE 원칙 체크 포인트**

구분	ME(Mutually Exclusive)	CE(Collectively Exclusive)
문제분할	분할된 문제는 서로 중복되지 않는가?	중요한 부분이 누락되지 않았는가?
원인분석	문제 원인은 서로 중복되지 않았는가?	모든 원인은 다 찾았는가?
해결대안	해결 대안은 서로 중복되지 않는가?	모든 대안을 모색했고 누락된 것은 없는가?

(5) 전략적 사고(Strategic thinking)

① **개념** : 전략적 사고의 원래 의미
전술적(tactic), 운영적(operational) 개념과 대비함으로써 찾을 수 있다.
전략적 : 사소한 것이나 작은 실적에 연연하지 않고 전체적 성공을 위하여 중요한 것에 우선적으로 집중하는 것

② 중요한 문제를 해결하면 주변의 작은 문제들은 자연스럽게 해결할 수 있어 중요한 문제 해결이 가장 합리적인 투자 우선순위로 관리됨

③ **전략적 사고가 강조하는 원칙**
㉠ 중요한 것에 우선적으로 집중
㉡ 그렇다면 중요한 것을 찾는 일이 전략적 사고의 핵심

④ **전략적 사고에 필요한 3가지 시각**

관점	내용	사례
시간	· 미래를 바라보고 일시적 성공이 아닌 장기적 성공을 중시함 · 단기적 실적 달성에 급급하여 장기적 목표를 소홀히 하지 않음	· 일시적 성과 지양 · 미래경쟁력 기반 구축 · 미래성장을 위한 과감한 투자
공간	· 시장을 넓게 봄 · 좋은 곳에 집착하거나 기존시장에 정착하지 않고 새로운 시장을 개척함 · 시장은 역동적으로 움직인다는 것을 앎	· 공간의 제약을 받지 않음 · 글로벌 수준의 품질 및 서비스를 지속적으로 추구함
성공의 크기	· 작은 성공에 만족하지 않음 · 전체 성공을 위하여 부분적 희생이나 손실을 감수할 수 있음	· 방대한 비전을 실현함 · 대를 위해 소를 희생함

⑤ 전략적 사고를 위한 필요 스킬의 균형

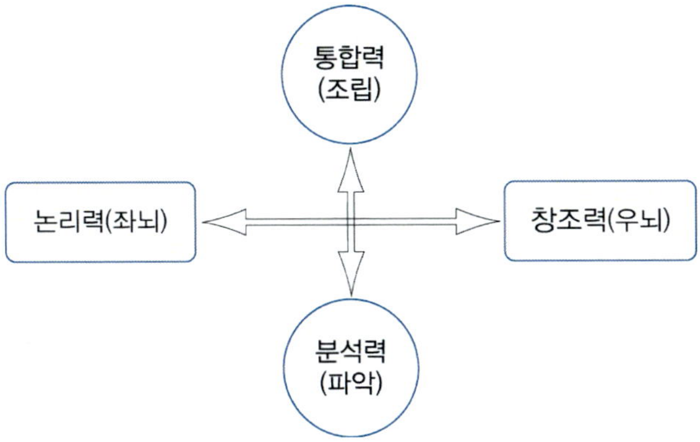

⑥ 전략적 사고를 위한 통합력과 분석력의 균형

불균형

- 평론가
- 현장감각의 결여
- 세부적인 마무리와 설명력의 부족

- 사물의 판단, 처리 등을 통한 가치 증대가 없는 단편 정보
- 상호 관계의 결핍
- 비전 결여에 따른 작업 효율의 악화

통합력 ↕ 분석력

균형

- 전체관
- 주요요인의 상호관계 파악
- 구체적 이미지
- 중요 포인트에서의 세부 창조력
- 사실에 의한 뒷받침

⑦ 전략적 사고를 위한 논리력과 창조력의 균형

균형

- 문제의 체계적 이해
- 상식에의 논리적 도전
- 다른 각도로의 시각 전환
- 발상의 자유도 확대

논리력 ↔ 창조력

불균형

- 지나친 엄밀성
- 발상의 결핍
- 작업효율의 악화

- 뒷받침 없는 아이디어의 나열
- 정합성 결여
- 불충분한 설득력

(6) 비주얼적 사고(Visual thinking)

① **개념** : 눈에 보이지 않는 무형적이고 추상적인 생각의 흐름을 그림으로 표현함으로써 이해하기 쉽거나 기억하기 편리하게 만드는 모델링 기법

② 로직트리(logic tree)도 일종의 비주얼 도구임

③ **로직트리 예시**

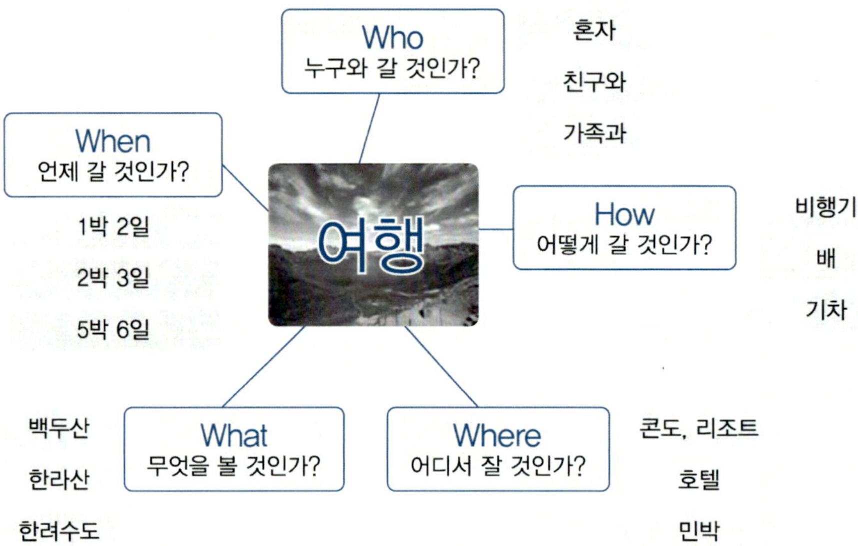

4 고객 심리에 기초한 상황별 접객 멘트

접객 서비스에 있어서 가장 기본은 밝은 표정과 인사이다. 그러나 서비스에 앞서 미용인의 마음가짐은 '누구의 고객인가?'가 중요한 것이 아니라 우리 모두의 고객, 즉, 살롱에 방문하는 모든 고객이 바로 내 고객이라는 생각으로 고객에게 서비스하고 맞이해야만 하는 것이다.

1 실전 전화 응대 요령

1) 전화 상담의 장점

요소	장점
접근성	전화는 어디에나 있고, 요금이 그리 비싸지 않기 때문에 누구나 필요한 경우 부담 없이 상담을 받을 수 있음
용이성	전화 상담은 언제나 시간의 제약 없이 이용이 가능함 사람들은 고통받는 시간을 스스로 선택하지 않는다는 점에서 전화 상담은 매우 유용함
익명성	전화 상담의 익명성은 처음 상담을 하는 사람의 불안감, 망설임, 불확신, 죄책감 등을 줄일 수 있음
친밀성	전화상담은 몸 전체를 사용하는 모션이나 얼굴 표정을 이용하지 못하는 한계가 있음에도 불구하고 전화 그 자체가 주는 친밀감이 있음

2) 전화 상담의 단점

요소	장점
음성 언어의 제한성	전화 상담은 시각적이고 비언어적인 정보를 얻으므로 내담자로부터 얻는 정보가 제한적일 수밖에 없음 즉, 대화를 통해 내담자가 알려주는 정보만 얻을 수 있음
침묵	전화 상담에서의 침묵은 면접 상담에서의 침묵보다 더 지루하고 위협적임
일회성	전화 상담은 일회적으로 끝나기 쉬움 따라서 지속적인 상담을 통한 만족할 만한 문제 해결은 어려움

2 전화 응대 요령(수신)

1) 항상 벨이 3번 울리기 전에 받는다.

살롱으로 가장 많이 걸려오는 전화 내용으로는 가격문의, 클레임, 매장 위치 문의 등이다. 따라서, 가급적 벨이 3번 이상 울리기 전에 받고, 매장 전화는 장시간 통화하지 않는 것이 좋다. 또한, 전화기 주변에 간단한 메모를 할 수 있는 문구류를 준비하면 좋다.

숫자 '3'이 완벽함을 의미하게 된 가장 큰 이유는 종교적 이유에서 기독교와 관련이 깊다고 한다. 기독교의 삼위일체 사상은 '3'의 완전성을 각인시키는 데 대단히 큰 역할을 했다.
한편, 고대의 동양에서도 숫자 '3'은 완벽함을 상징해 왔다. 노자의 도가사상에도 "도는 하나를 창조했고, 하나는 둘을, 둘은 셋을, 그리고 셋은 모든 것을 창조했다."는 말이 나온다. 바로 이러한 역사적 배경 때문에 숫자 '3'은 현실을 파악하고, 묘사하기 위한 하나의 체계적인 구조가 되었다.
시간에 있어서도 과거, 현재, 미래로 나뉘고, 세계는 다름 아닌 3차원적이며 길이, 넓이, 부피를 가지고 있을 때 공간적인 특징을 가지게 된다.
'저잣거리에 호랑이가 나타났다.'는 거짓말도 세 사람이 같이 말하면 믿게 된다는 '삼인성호'의 고사 역시 숫자 '3'의 영향력을 말해준다.
스탠퍼드 감옥 실험으로 유명한 심리학자 필립 짐바르도(Philip G. Zimbardo) 교수는 세 명이 모이면 집단이라는 개념이 발생하고, 사회적 규범이 나타나며, 세 명의 행동에는 그럴만한 이유가 있는 것으로 느끼게 된다고 주장한다.
즉, 인간에게 숫자 '3'은 놀라운 힘을 발휘하고 있다. '2'는 뭔가 부족하게 보이고, '4'는 복잡하고 정리가 안된 느낌이 난다.

출처 : 숫자의 비밀(오토베츠/도서출판 다시/2004)

최근에는 일상적인 벨소리보다는 매장의 기본 컨셉을 소개하는 자동 안내 멘트를 통해 고객의 지루함을 해소한다.

"안녕하십니까?(환영합니다. 감사합니다.) OO살롱, OOO입니다."

살롱명과 전화받는 사람의 직급과 이름을 정확하게 얘기하면 고객과의 신뢰도가 높아진다. 또한, 친절하지만 정확한 발음으로 속도에 유의하여 응대한다.

2) 벨이 4번 이상 울렸을 경우

전화응대는 보이지 않는 고객과 살롱 간의 연결이므로 장시간 통화중이거나 벨이 4번 이상 울렸는데도 전화를 받지 않을 경우 고객이 짜증을 내는 경우가 많다.

"'늦게 받아 죄송합니다. OO미용실 or OO피부관리실, OOO입니다."

3) 전화를 끊을 때

미용 서비스의 특성상 수신자가 필요한 말만 다하고, 미처 고객의 말이 끝나기도 전에 수화기를 내려 놓는 경우가 허다하다. 이럴 경우 고객의 불쾌감 상승은 물론이고, 아예 그 살롱을 다시는 쳐다보기도 싫을 것이다.

"감사합니다. 지금까지 OOO였습니다. 좋은 하루 되십시오."

상대방이 먼저 끊는 것을 확인하고, 3초 뒤에 수화기를 살짝 내려 놓는다.

4) 각종 문의 및 안내

(1) 매장 위치 문의

매장의 위치 설명은 미리 적어 놓은 대중교통편과 차량 이동 경로를 차근차근 설명하거나, 고객의 핸드폰 번호를 물어본 뒤 메시지로 매장 주소를 전송한다.

→ 매장의 위치를 물어보는 경우에는 대개 최초 방문자일 가능성이 높으므로 대중교통, 자가용, 도보 등 각각의 경우에 미리 대비하여 인근 유력 명소나 건물 등 매장 주변 시설물에 대해 사전에 숙지하는 것이 좋다. 카운터 주변에 각각의 교통 정보를 부착하면 편리하다.)

(2) 시술 가격 문의

카운터 주변에 매장 메뉴판을 놓고, 시술별 가격 정보를 설명한다. 피부관리실의 경우 별도의 상담 공간을 마련하여, 고객과 1 : 1로 상담할 경우 고객의 만족도를 높일 수 있다.

→ 하지만, 시술 가격 안내는 가급적 방문 후에 하는 것을 원칙으로 하되, 현재 진행중인 프로모션과 제휴 할인에 대한 안내를 함께한다.)

(3) 휴일, 영업 시간, 특정 직원의 휴무 안내

매장 근무 규정을 숙지하고, 사전 직원 근무 편성표를 참조하여 설명한다.

→ 기본 영업 시간을 고객에게 설명하되, 몇 시까지 오면 시술 서비스가 가능한지를 고객에게 얘기해주고, 고객이 찾는 스타일리스트가 있으면 직접 상담할 수 있게 연결해준다.)

(4) 기타 본인이 잘 모를 경우나 본인이 판단할 수 없는 경우

"고객님 죄송합니다만, 잠시만 기다려 주십시오. 다른 분을 연결해 드리겠습니다."

➜ 카운터 매니저일 경우 비미용인인 경우도 많다. 따라서, 본인이 모르는 분야에 대해 불충분한 설명을 하기 보다는 설명 가능한 직원을 직접 고객과 연결하는 것이 좋다. 단, 고객과 연결하기 전 전화기의 On-hook 버튼을 눌러 직원 간의 대화가 고객에게 전달되지 않도록 유의한다.

5) 항의 전화를 받을 때

① **고객의 항의 내용을 끝까지 참고 경청한다.**
고객의 말을 신중히 경청하고, 메모를 꼼꼼히 하여 경위를 기록한다.

② **경청 도중 중간중간 고객의 항의에 공감하는 표현을 나타낸다.**(경청 후 직원의 의사를 전달함)

"아~ 네!, 그렇죠, 이런!, 죄송합니다."

이때 오히려 과도한 리액션은 고객을 자극할 수도 있으므로 주의해야 한다.

③ **항의 내용을 정확히 파악하고 정중히 사과한다.**

"죄송합니다. 고객님 고객님이 원하시는 부분에 대해 최선을 다해 부족함이 없도록 해드리겠습니다."

이 때, 상처나 외부 손상에 의한 치료가 필요할 경우에는 반드시 매장에 방문하는 것을 원칙으로 하여 확인하고, 피해에 대한 치료나 보상을 하도록 한다. 외상이 아닌 재시술 요구에 대한 부분도 매장 방문 후 확인하고, 보상의 범위를 정하도록 한다. 고객의 입장에서 정신적 피해를 호소하기도 하나 법률적 근거나 해석이 쉽지 않고, 소비자 고발원에서의 유권해석도 미비한 실정이다.

6) 다른 사람을 바꿀 때

(1) 해당 직원을 찾을 때

"OO디자이너 or 담당 관리사 연결해 드리겠습니다. 죄송합니다만 어디시라고 여쭈어 드릴까요? 잠시만 기다려 주십시오. 감사합니다."

(On-hook~)

(2) 직원이 전화를 받을 수 없을 때

"OO 디자이너 or OO 관리사는 지금 작업 중이라 전화를 받을 수 없습니다. 죄송하지만, 연락처를 알려주시면 메모해 드리겠습니다."

or

"OO 디자이너 or OO 관리사가 지금은 외출 중입니다. 용건을 말씀해 주시면 전달해 드리겠습니다."

미용사나 관리사가 시술 중일 때에는 고객과의 통화가 쉽지 않다. 이때는 현재 해당 디자이너의 상황을 간략하게 설명하고, 고객의 성명과 연락처를 받아 해당 디자이너나 관리사의 시술이 끝난 후 고객과 통화하는 것이 좋다.

(3) 매장 내 다른 고객을 찾는 경우

> **"고객님께서 찾으신 분이 OO씨가 맞으신지요?**
> **잠시만 기다려 주십시오. 곧 연결해 드리겠습니다."**

3 전화 응대 요령(발신)

① 가급적 매장용 전화는 업무를 제외하고는 사용하지 않고, 통화 시 가급적 3분을 넘지 않는 것을 원칙으로 한다.

② 용건을 말한 후 친절 멘트로 마감한다.

> **"감사합니다. 좋은 하루 되십시오."**

4 고객을 맞이할 때

① **"안녕하십니까?"**

밝고, 큰 목소리로 인사한다.
보통 매장 내에서는 7음계 중 '솔' 톤으로 인사하는 것이 활기차고 상대방으로 하여금 좋은 인상을 줄 수 있다. 인사를 할 때는 말로만 하는 것이 아니라 웃는 표정과 미소를 머금고 눈을 맞춰 인사한다.

② 인사가 끝나면 날씨나 가볍게 고객에 대한 칭찬을 한다.

"안녕하세요? 날씨가 무척 쌀쌀하죠? 어머~ 코트가 멋지세요?"

③ **"찾으시는 디자이너분 or 관리사분이 있으신가요?**
잠시만 기다려 주십시오.
현재 OO명이 대기중이고, 예상 소요시간은 OO분 정도입니다."

고객이 기다려야 할 경우 시간을 먼저 일러주는 것보다는 현재 대기중인 고객수를 가르쳐준다. 시술에 따라 시간이 일정하지 않으므로, 시간은 정확하지 않을 수 있다. 따라서, 대기중인 고객의 숫자를 가르쳐주는 것이 기다리는 것에 대한 고객의 짜증을 줄일 수 있다.

④ 처음 방문인 고객의 경우

"고객님 고객 등록 도와드리도록 하겠습니다. 고객 등록을 하시면, 다양한 할인 혜택을 받으실 수 있고, 이후에는 고객님의 핸드폰 끝자리만으로도 고객님 정보 찾기가 가능합니다."

이때, 고객이 매장을 찾아오게 된 경위를 물어 마케팅 계획에 반영하고, 고객 회원 카드를 작성하여 고객 정보를 기록한다.

5 성격 사정하기와 흥미사정하기

1) 성격 사정하기

(1) 성격 사정 배경 자료

① 성격 사정의 의의

㉠ 성격은 직업 선택과 직업 적응에서 핵심적인 설명 변인에 해당한다.

㉡ "판매직 사원은 외향적이어야 한다. 상담자는 영향력을 끼치는 사람이어야 한다. 주식중개인은 위험을 감수하는 사람이어야 한다." 등의 주장들은 어느 정도는 진실이면서도 또 허구적인 측면들이 있다.

㉢ 어떤 특정의 성격 특성이 직업에 꼭 필수적인 것이라는 생각을 지지한 바는 없다.

㉣ 오히려 '진리'에 가까운 것은 바로 직업이 다양한 유형의 성격을 감수하고 있다는 점이다.

㉤ 즉, 유사한 성격 특성이 사람들이 이질적인 직업들에서 만족하고 수행을 잘 하는 것을 볼 수 있는 반면, 이질적인 성격 유형의 사람들이 동일하거나 유사한 직업을 즐기는 사례도 빈번히 볼 수 있다는 것이다.

㉥ 이런 까닭에 성격이 직업 개발에 꼭 필요한 변인은 아니라는 결론을 내릴 수 있다.

(2) 홀랜드의 흥미 유형

유형	관련 단어
현실형(R)	순응적인, 솔직한, 정직한, 겸손한, 유물론적인, 꾸밈없이 순수한, 지구력 있는, 실용적인, 신중한, 수줍어하는, 착실한, 검소한
탐구형(I)	분석적인, 조심스러운, 비판적인, 호기심이 많은, 독립적인, 지적인, 내향적인, 방법론적인, 신중한, 정확한, 합리적인, 말수가 적은
예술형(A)	세련된, 무질서한, 정서적인, 표현적인, 이상적인, 상상력이 풍부한, 실용적이지 못한, 충동적인, 독립적인, 직관적인, 비순응적인, 독창적인
사회형(S)	설득력 있는, 협조적인, 우애가 있는, 관대한, 남을 도와주는, 이상적인, 통찰력 있는, 친절한, 책임감 있는, 사교적인, 재치있는, 이해심 있는
진취형(E)	모험적인, 야망이 있는, 관심을 받는, 지배적인, 정열적인, 충동적인, 낙관적인, 재미 추구적, 인기 있는, 자기확신적인, 사교적인, 말이 많은
관습형(C)	순응적인, 양심적인, 조심성 있는, 보수적인, 억제하는(삼가는), 복종적인, 질서정연한

(3) Myers-Briggs Type Indicator 유형 지표

① 융(Jung)의 유형론을 바탕으로 한 마이어스-브리그스 유형 지표는 자기보고식 강제 선택 검사

② MBTI는 4개 양극차원을 따라 응답자들을 분류하는데, 간략히 기술하자면 2개의 신호 중 한 부분에 개인을 할당하는 것이다.

③ MBTI의 기본 가정은 직업 선택에서 가장 중요한 동기 요인은 바로 내적으로 흥미를 자극하고 만족하는 작업욕망이며, 이것 때문에 덜 좋아하는 과정에 대해서는 상대적으로 전혀 욕구가 없게 된다는 것이다.

④ 유형 이론은 자신이 덜 좋아하는 기능을 사용하게 되면 피로를 더 느끼게 된다고 본다.

⑤ 마이어스-브리그스의 유형 지표(MBTI)의 4가지 양극차원

유형	관련 단어
세상에 대한 일반적인 태도	사람과 사건들과 같은 외부세계에 관심이 있는가?(외향형) 아니면 관념과 내적 반응같은 내부 세계에 관심이 있는가?(내향형)
지각적인 또는 정보 수집적인 과정	정보를 오감을 통해 수집하고 사실과 자료에 초점을 맞추는가?(감각형) 아니면 직관을 거친 개연성과 육감에 초점을 맞추는가?(직관형)
사정 또는 판단과정	논리와 이성에 의거해서 정보를 사정하는가?(사고형) 아니면 개인의 가치에 따라 다른 사람에 대한 영향을 고려하면서 사정하는가?(감정형)
생활방식	일을 종결하기 위해서 신속하고 확고한 의사결정을 하는가?(판단형) 아니면 정보를 더 수집하기 위해서 의사결정을 미루는가?(지각형)

(4) 선호도가 작업 상황에 미치는 효과

유형	관련 단어
외향성(E)	· 사람들과의 성공적인 상호작용을 좋아한다. · 다양성과 행위를 좋아한다. · 느린 직무에 대해 종종 참을성이 없다. · 직무의 결과에 관심이 있다.
내향성(I)	· 고독을 좋아하고 혼자 집중하는 시간을 좋아한다. · 침묵을 좋아한다. · 한 가지 일에 오랜 시간을 들여 한다. · 직무의 아이디어들에 관심이 있다.
감각형(S)	· 주의집중을 요하는 작업을 좋아한다. · 새로운 문제점을 싫어한다. · 이미 배운 기술을 활용하는 것을 즐기고 영감이 전혀 없다. · 실수한 적이 거의 없다.

(5) 성격 사정의 목표 및 제한점

① **성격 사정의 목표**

㉠ 자기 인식을 증진시킬 수 있다.

㉡ 좋아하는 작업 역할, 작업 기능, 작업 환경을 확인할 수 있다.

㉢ 작업 불만족의 원인과 출처를 확인할 수 있다.

② **성격 사정의 한계**

㉠ 직종이 다양한 종류의 성격을 폭넓게 수용하고 있으므로 성격검사들을 사용한다.

㉡ 성격과 직업 간의 직접적인 관련성을 보여주는 정보를 얻는 것은 아니다.

- 따라서 상담자는 이런 직접적인 관련성을 주장하는 검사들에 대해 의혹을 가져야만 한다.

㉢ 적응을 잘하고 있는 정상인들을 측정하려는 의도로 고안되었음에도 불구하고 몇몇 성격 검사들은 때로 내담자가 보기에 부정적으로 보이는 척도들을 포함하고 있다.

- 따라서 상담자는 선정하고 해석할 때 이런 가능성에 반드시 민감하게 대처해야만 한다.

2) 흥미 사정하기

(1) 흥미 사정의 개요

① 흥미는 그 사람의 관심이나 호기심을 자극하거나 일으키는 어떤 것이라고 정의 내릴 수 있다. 즉, 흥미는 그 사람이 하고 싶어 하는 것이나, 즐기거나 좋아하는 것의 지표이다.

② 그 삶의 흥미, 좋아하고 싫어하는 것, 선호 활동에 대한 정보는 다양한 방법을 통해 수집할 수 있다.

③ 슈퍼(Super, 1949)는 다음과 같이 흥미를 사정하는 방법을 세 가지로 구별하였다.

슈퍼가 정의한 3가지 흥미

1) **표현된 흥미** : 어떤 활동이나 직업에 대해 "좋다. 싫다"고 간단하게 말하도록 요청하는 것
2) **조작된 흥미** : 활동에 대한 질문을 하거나 활동에 참여하는 사람들이 어떻게 시간을 보내는지를 관찰하는 것
3) **조사된 흥미** : 가장 빈번히 사용되는 흥미 사정 기법

(2) 흥미 사정의 이용

① **흥미 사정의 5가지 목적**

㉠ 자기 인식을 발전시키기
㉡ 직업 대안을 규명하기
㉢ 여가 선호와 직업 선호를 구별하기
㉣ 직업, 교육상의 불만족의 원인을 규명하기
㉤ 직업 탐색을 조장하기

(3) 흥미 사정의 배경

① 흥미 사정은 직업 상담의 역사와 여러 면에서 유사하다. 1908년에 직업 지도의 시조인 파슨스는 보스톤에 직업 사무소를 설립하고 직업 상담을 실시하면서 내담자의 특성 범위가 넓다는 것을 알고, 흥미는 전형적으로 직업 상담자들의 주요 관심사로 설정하였다.

② 1927년에 남성용 '스트롱의 직업 흥미검사'가 출간되었다. 이 검사지는 다양한 직업에 고용된 사람들이 좋아하는 것과 싫어하는 것을 개인의 것과 비교해 보는 것으로 그 당시 스트롱은 흥미가 능력과 강하게 연결되어 있다고 믿었다.

③ 초기의 흥미 검사는 쿠더의 선호도 검사로 초판은 1934년에 출간되었고 최근판은 1985년에 개정되었다.

④ 현재는 200개 이상의 신뢰도와 타당도가 높은 흥미 검사지가 사용되고 있다.

(4) 흥미 사정의 방법

① 표현된 흥미와 조작된 흥미 유발하기

② 매우 자기 인식적인 내담자의 경우 표현된 흥미와 조작된 흥미의 평가는 다음과 같은 개방적인 질문을 통해 완수할 수 있다.

㉠ 어떤 직업을 생각하고 있나요?
㉡ 어렸을 때부터 지금까지 어떤 직업이 흥미가 있었나요?
㉢ 어떤 일을 하면 즐겁나요?
㉣ 학교에서 가장 좋아하는 과목이 무엇이었나요?
㉤ 이상적인 직업이 있을 수 있을까요? 있다면 그게 뭐죠?
㉥ 주말에 좋아하는 무엇인가를 할 자유가 주어진다면 무엇을 하면서 시간을 보내고 싶은가요?

(5) 로의 2차원 직업 분류 체계 영역

① **수평 차원(8가지)**

㉠ 서비스	㉡ 경영	㉢ 조직
㉣ 기술	㉤ 외근	㉥ 과학
㉦ 전반적 문화	㉧ 예술 및 연예	

② **수직 차원(6가지)**

㉠ 전문직과 관리직, 독립적 책임감
㉡ 전문직과 관리직 기타
㉢ 준전문직과 소사업
㉣ 기능직
㉤ 준기능직
㉥ 무기능직

(6) 흥미 사정을 바탕으로 한 업무 수행 평가서 사례

평가일 :　　년　　월　　일

<table>
<tr><td rowspan="4" colspan="2"></td><td colspan="2">1. 피평가자</td><td>등급</td></tr>
<tr><td>이　　름</td><td></td><td rowspan="3">A</td></tr>
<tr><td>소　　속</td><td></td></tr>
<tr><td>직책 및 직위</td><td></td></tr>
<tr><td colspan="5">2. 평가</td></tr>
<tr><td>구분</td><td>평가항목</td><td>점수
(10점 만점)</td><td colspan="2">능력분포그래프</td></tr>
<tr><td rowspan="3">업무평가</td><td>업무이해도</td><td>10</td><td colspan="2" rowspan="7">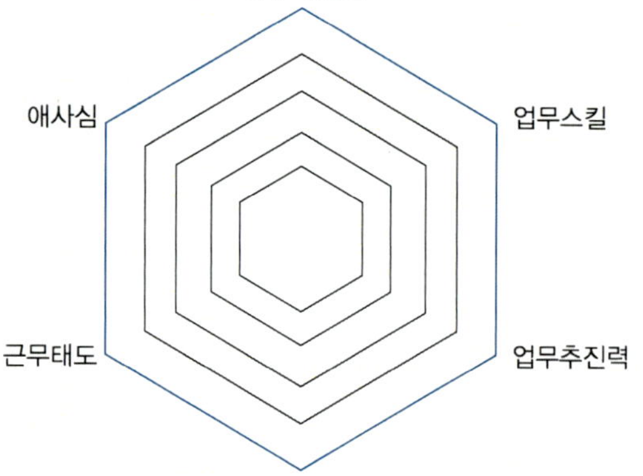
</td></tr>
<tr><td>업무스킬</td><td>10</td></tr>
<tr><td>업무추진력</td><td>10</td></tr>
<tr><td rowspan="3">인성평가</td><td>직원 간 친화력</td><td>10</td></tr>
<tr><td>근무태도</td><td>10</td></tr>
<tr><td>애사심</td><td>10</td></tr>
<tr><td colspan="2">최종점수(합계)</td><td>60</td></tr>
<tr><td>코칭
평가</td><td colspan="4">1~2점 : 매우 부족　3점 : 조금 부족　5점 : 보통　7점 : 우수　10점 : 매우 우수
A : 50점 이상　B : 40점 이상　C : 30점 이상　D : 20점 이하

A : 축하합니다. 모든 분야에서 뛰어난 당신은 ○○ 최고의 인재입니다.
B : 조금만 더 노력하시면 당신도 ○○의 최고의 인재로 성장하실 수 있습니다.
C : 꾸준한 노력 하에 뛰어난 인재로 성장하시길 당부드립니다.
D : 죄송합니다. 당신은 모든 분야에 걸쳐 무한한 노력이 필요합니다.</td></tr>
<tr><td rowspan="2">총평</td><td colspan="2">3. 동료의견</td><td colspan="2">4. 종합의견</td></tr>
<tr><td colspan="2"></td><td colspan="2"></td></tr>
</table>

(7) 흥미 평가의 제한점

① 흥미 평가의 한계와 제한점

㉠ 비공식적 사정 기법과 흥미 검사지는 흥미와 직업 간의 관계를 나타내는 정보를 산출하지 못한다.

㉡ 좀 더 큰 진로결정모형에서의 과정도 아닌데 흥미 사정을 지나치게 강조하는 것은 흥미의 역할을 과잉 강조 할 수 있다.

㉣ 내담자는 흥미 검사지에 대해 미숙적인 힘을 부여하는 경향을 갖는다.

㉤ 흥미는 경험에 의해 제한된다.

3) 성격과 흥미 사정을 통해 본 유형별 앙케이트

(1) 고객이 꼽은 꼴불견 디자이너 유형

① 전문가답지 못한 복장과 헤어스타일

② 고객의 얘기를 귀담아 듣지 않는 막무가내형(입 : 1개 / 귀 : 2개)

③ 무성의한 태도와 디자이너 간의 잡담

④ 무리한 점판 제품 구매 강요

⑤ 클레임 시 자신의 주장만을 고집하며 고객을 이기려는 행동과 말투

⑥ 상담과 시술 후의 가격 차이(말할 때 가격과 정산 시의 가격 차이)

⑦ 저단가 고객 무시(커트 고객 무시 및 시술 외면)

⑧ 인사성이 부족한 디자이너

⑨ 흡연하는 디자이너

⑩ 노후된 미용기구를 사용하는 디자이너(커트 시 찝힘)

(2) 직원이 꼽은 꼴불견 오너 유형

① 권위적인 원장님

② 과거에 집착해서 옛날에 어렵게 미용 배운 기억을 얘기하는 원장님

③ 간식 잘 안 사주시는 원장님

④ 인사해도 잘 받지 않는 원장님

⑤ 칭찬은 않고, 지적만 하는 원장님

⑥ 자기 기술과 이론이 최고라며, 기술적으로 무시하는 원장님

⑦ 막말하는 원장님

⑧ 표정관리 안 되는 원장님

⑨ 급여일을 자주 어기는 원장님

⑩ 재료 많이 쓴다고 타박하는 원장님

(3) 오너가 꼽은 꼴불견 직원 유형

① 습관적으로 지각이 잦고, 거짓말하는 직원("지하철이 막혀서...")

② 고객과의 클레임 발생 시 자기 주장만 고집하는 직원

③ 갈 곳 많다고 다른 직원들을 선동하며 반복적으로 협박하는 직원

④ 담배피는 직원

⑤ 시키는 일만 하는 직원

⑥ 시키는 일도 안 하는 직원

⑦ 생산성은 고려하지 않고, 돈만 밝히는 직원

⑧ 매장에서 샴푸하는 직원

⑨ 시술 후 뒤처리를 잘 안하는 직원

⑩ 할인 마케팅 계획 시 비협조적인 직원(힘만 들고, 돈은 적다.)

(4) 직원이 꼽은 꼴불견 직원 유형

① 잘난척하는 직원("내가 대학 다닐 때 배운것과는~")

② 이쁜척하는 직원(과도한 메이크업과 속눈썹)

③ 손님과 사석에서 만나고 자랑삼아 이야기하는 직원("명함봐라~")

④ 커트 손님은 받지 않고, 펌 고객만 받으려고 하는 직원

⑤ 가위나 클리퍼 등 미용기구를 자주 빌리는 직원

⑥ 미용시술 외 청소 등 기타 다른 일은 하지 않으려는 직원

⑦ 불평불만이 많은 직원("미용실을 오픈하던가 해야지…")

⑧ 직원들에게 돈을 자주 빌리고, 갚지 않는 직원

⑨ 단골 고객 가로채가는 직원(직원 휴무 시 자주 발생)

⑩ 자기 일만 하고 다른 직원들의 일은 도와주지 않는 직원

5 뷰티살롱 실전 고객 IN - OUT 접객 매뉴얼 1 ~ 37 : ○○ 헤어

1 개점 준비 및 미디어 조회

[TIP]

1. 기본 조회 사항을 준수하되, 마지막 순서는 미디어(스마트폰)를 통한 핫 이슈를 직원 간에 공유한다.
2. 전직원이 돌아가며 허그로 마무리한다.

2 리저브드 캘린더를 통한 예약 고객 확인

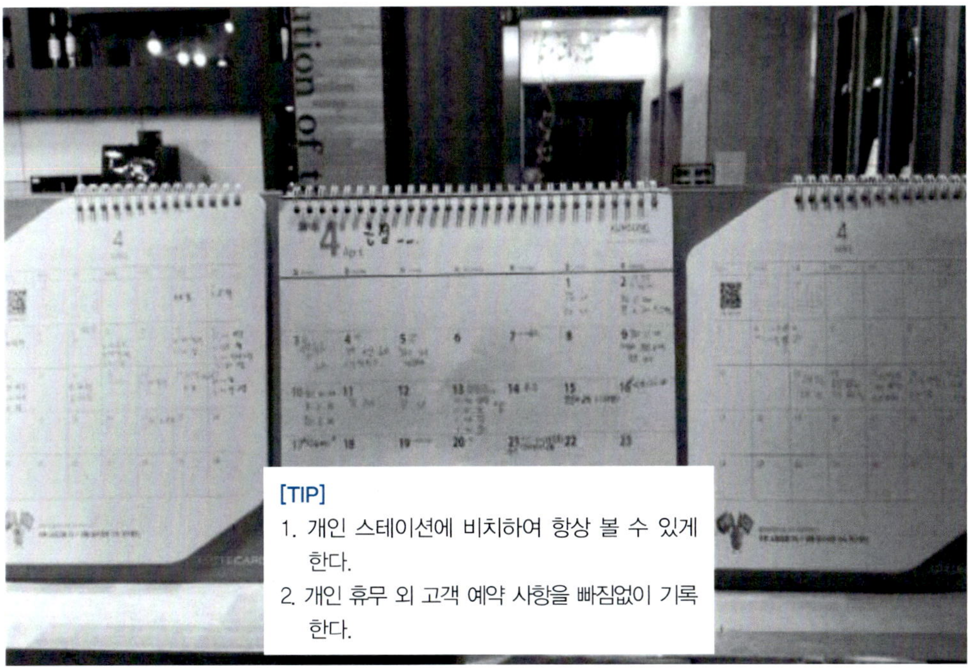

[TIP]

1. 개인 스테이션에 비치하여 항상 볼 수 있게 한다.
2. 개인 휴무 외 고객 예약 사항을 빠짐없이 기록한다.

3 고객 입점과 마중

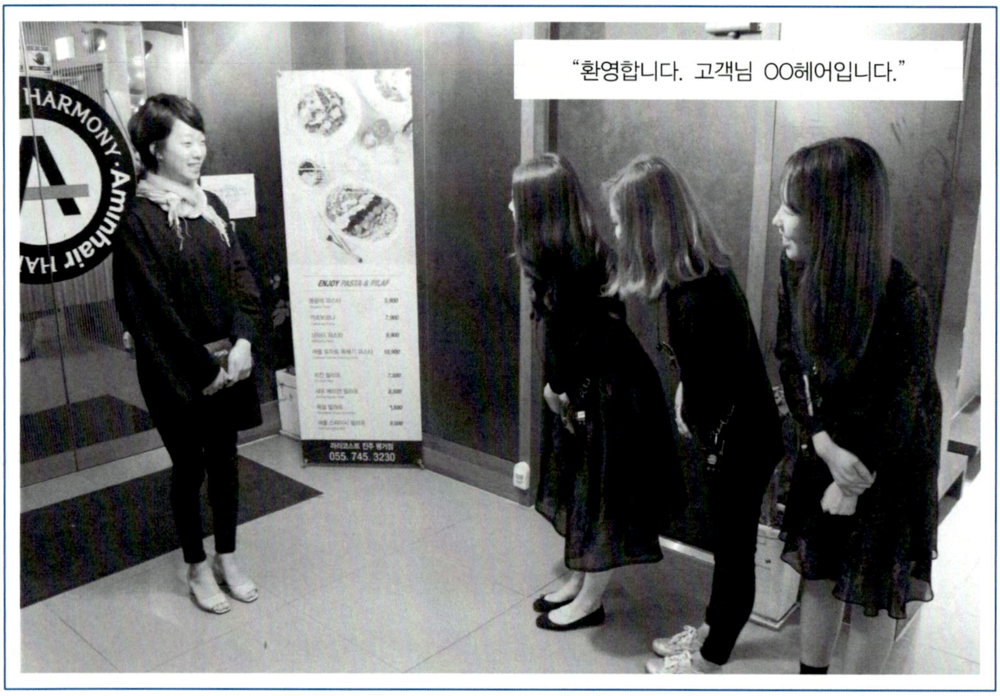
"환영합니다. 고객님 OO헤어입니다."
HARMONY·Aminhair
ENJOY PASTA & PILAF
055. 745. 3230

4 인포메이션 접수

"저희 매장에 회원등록이 되어 있으신가요?
휴대폰 끝자리와 성함 부탁드리겠습니다."
"고객님, 머리 시술 어떻게 도와드릴까요?
혹시 찾으시는 선생님이 계신가요?"

5 고객 대기석 안내

[TIP]
1. 전화벨은 3번 이상 울리기 전에 받는다.
2. 메모지와 함께 상담 내용을 기록한다.
3. 매장 내 전화로는 3분 이상 통화하지 않는다.

6 고객 대기석 안내

"고객님, 소지품 보관 해드리겠습니다. 대기실로 안내해 드리겠습니다."

[TIP]

1. 고객님의 귀걸이와 같은 작은 액세서리는 비닐팩에 넣어 보관한다.

7 음료 안내

"기다리시는 동안 차 한 잔 준비 도와드리겠습니다."
[TIP]
• 겨울철 : "따뜻한 차 한 잔 준비 도와드리겠습니다."
• 여름철 : "더우실 텐데 시원한 음료 한 잔 준비 도와드리겠습니다."

8 고객 베버리지 기본 세팅

[TIP]

1. 음료는 같은 종류로 2개 이상을 진열한다.
2. 조각 케익은 장시간 보관 시 부패의 우려가 있으므로 퇴근 시 반드시 냉동고에 보관한다.

9 음료 서비스

IGUASSU
[TIP]
1. 얼음 보관실을 열 때에는 각별히 손 위생에 신경쓴다.
2. 얼음 보관실은 장시간 이용하지 않고 문이 잘 닫혔는지 반드시 확인한다.

10 음료 기본 세팅

[TIP]

1. 계절별 기본 음료 세팅을 준수한다.
2. 음료에 맞게 정해진 찻잔 사용을 준수한다.

11 음료 접대

12 담당 스타일리스트 인사

13 고객 리뷰 1차 상담

14 비닐 팩 고객 화학 시술 가운 전달

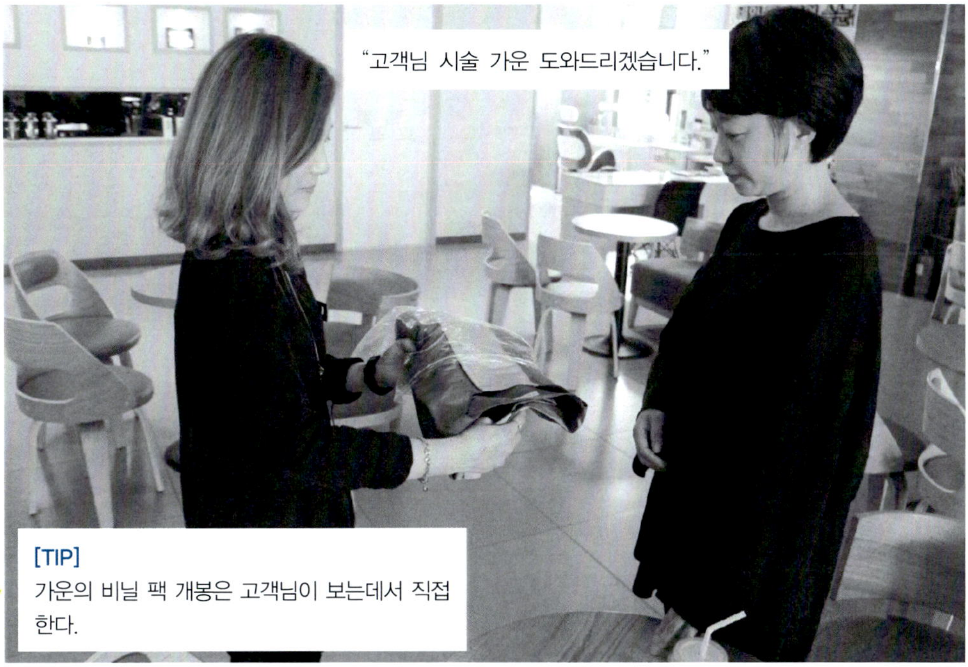

15 고객 화학 시술 가운 도우미

[TIP]
세심하게 고객님의 시술 가운 착용을 도와준다.

16 고객 소지품 보관

[TIP]

1. 고객님의 소지품 보관 후 열쇠를 고객이나 카운터에 인계한다.
2. 사전에 별도의 보관이 필요한 귀중품은 없는지 고객님께 여쭤본다.
3. 모자나 가방, 기타 옷 등이 구겨지지 않게 주의해 보관한다.

17 고객 스테이션 안내

"고객님 시술대로 안내해 드리겠습니다."
[TIP]
고객의 이동 거리가 멀 경우는 팔을 길게, 이동 거리가 짧을 시에는 팔 길이를 짧게 한다.
Aminhair

18 고객용 패키징 슬리퍼 전달

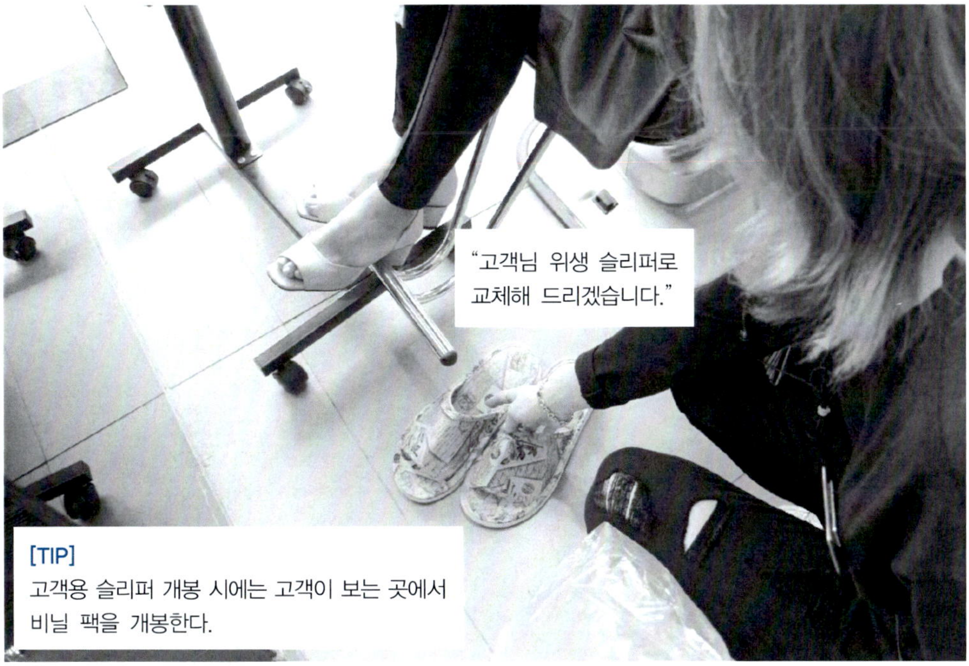

19 고객 그리팅 2차 상담

20 고객 심층 3차 상담

21 화학 시술 준비 및 사전 세팅

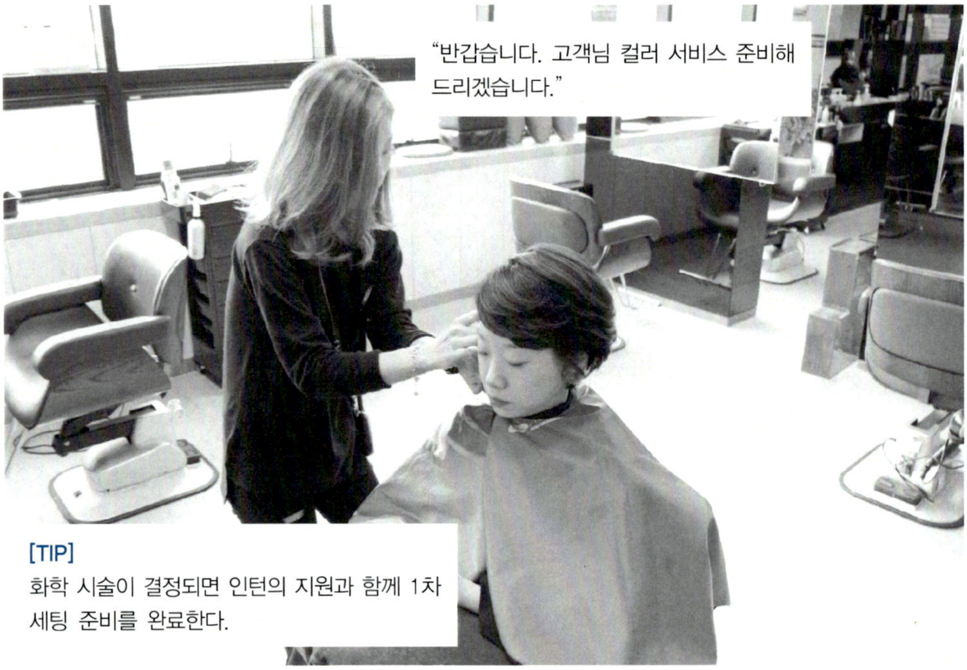

22 팀별 화학 시술

[TIP]
고객이 붐비지 않을 시 2인 1조가 되어 시술 시간을 줄인다.

23 방치 타임 : 잡지 및 음료 리필 서비스

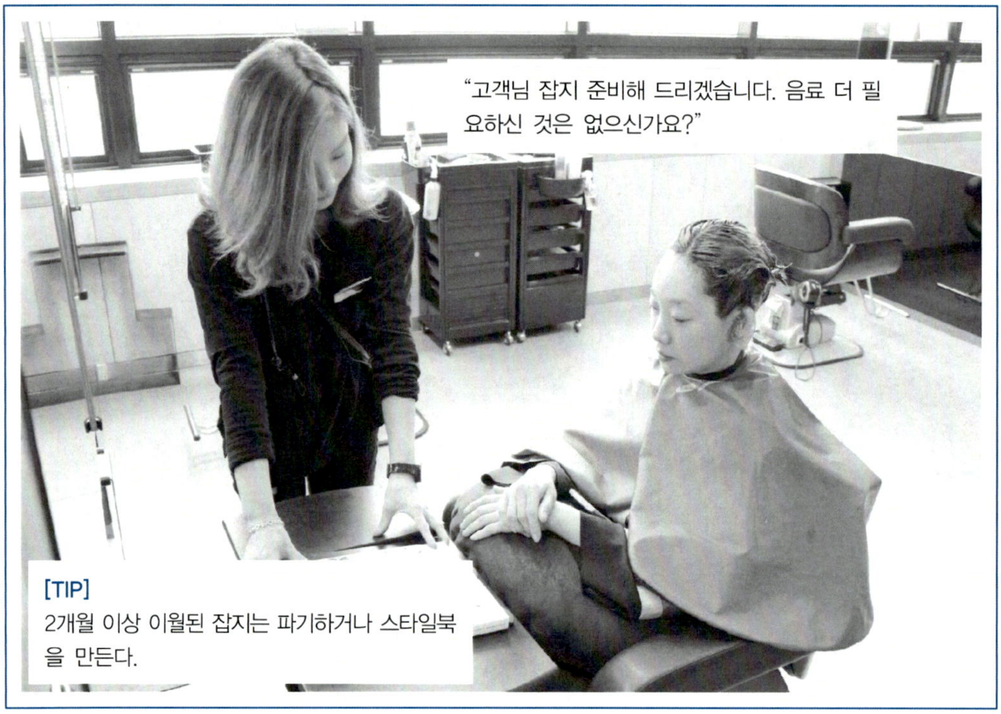

24 샴푸실 안내

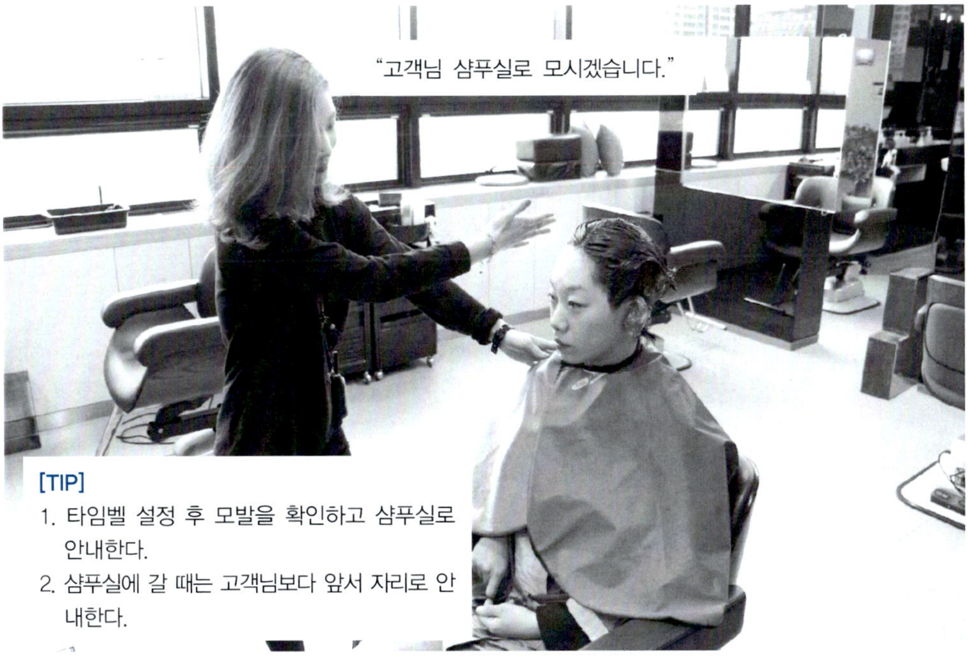

[TIP]

1. 타임벨 설정 후 모발을 확인하고 샴푸실로 안내한다.
2. 샴푸실에 갈 때는 고객님보다 앞서 자리로 안내한다.

25 샴푸실 서비스 준비 및 사전 세팅

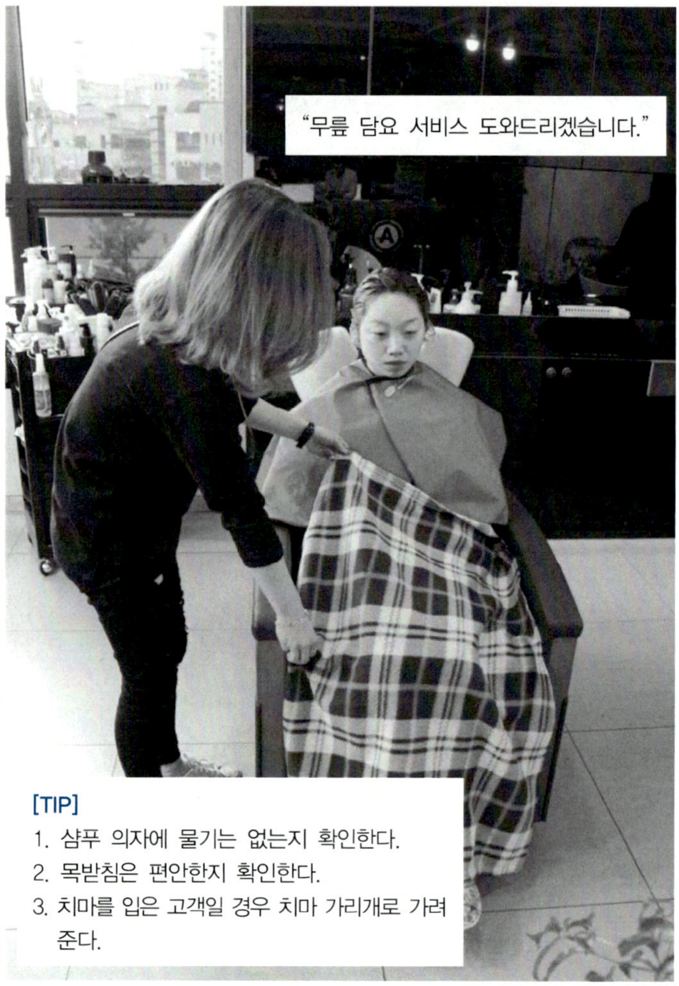

[TIP]

1. 샴푸 의자에 물기는 없는지 확인한다.
2. 목받침은 편안한지 확인한다.
3. 치마를 입은 고객일 경우 치마 가리개로 가려 준다.

26 컬러 에멀전 서비스

"고객님 불편하신 곳은 없으신가요? 뜨겁거나
불편하신데 있으시면 말씀해주세요."
[TIP]
1. 물 온도는 적당한지 확인한다.
2. 지압 강도는 적당한지 확인한다.
3. 더 헹굴 곳은 없는지 확인한다.

27 화학 시술 샴푸 서비스

28 경혈점 스캘프 좌식 샴푸 서비스

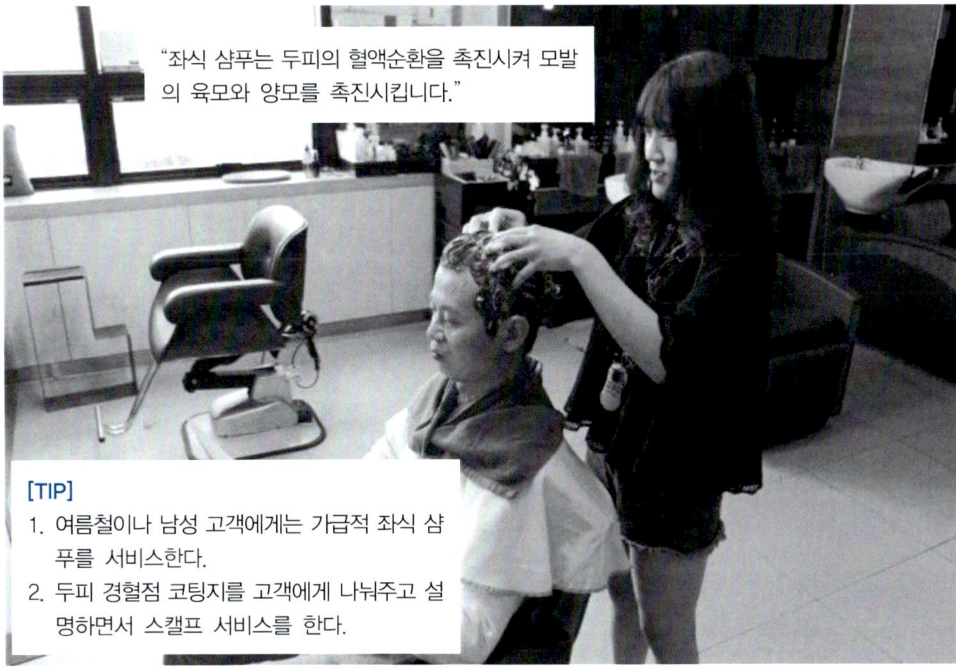

29 샴푸 마무리 및 지압 서비스

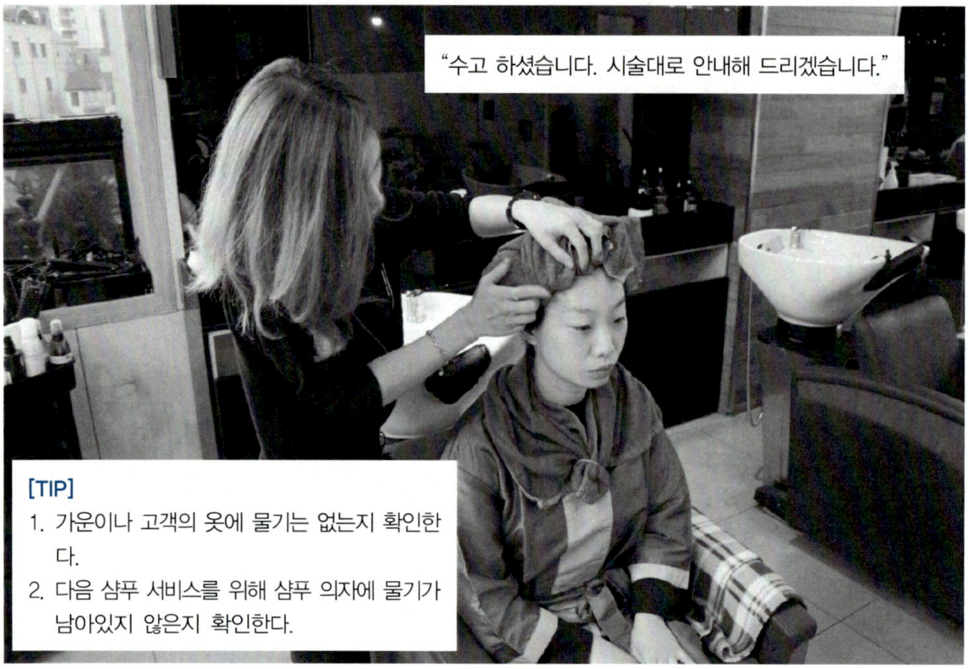

30 시술 결과 1차 확인 및 스캘프 서비스

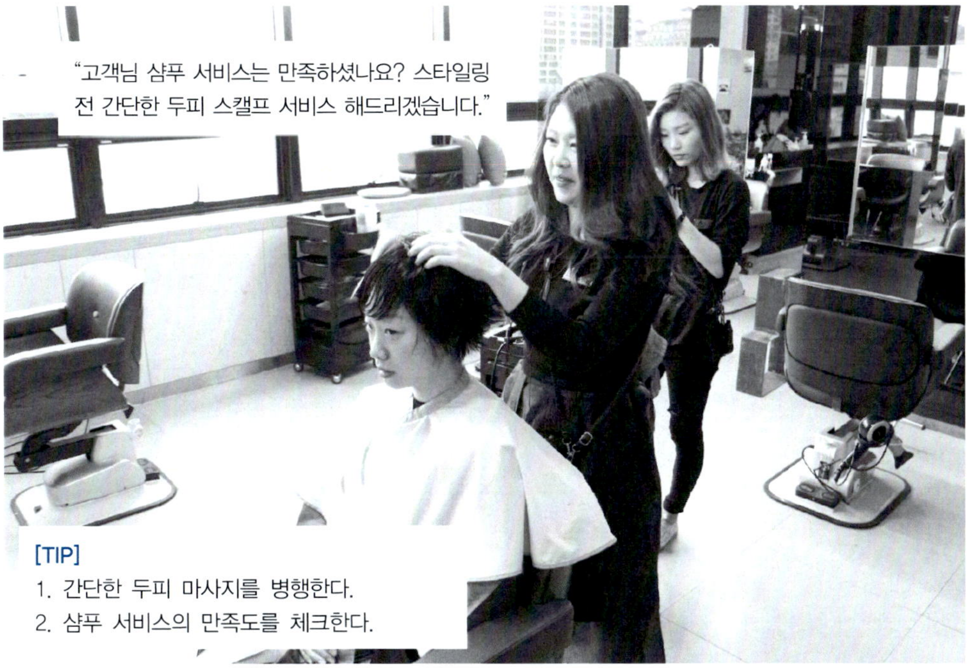

31 시술 결과 2차 확인 및 스타일링 준비

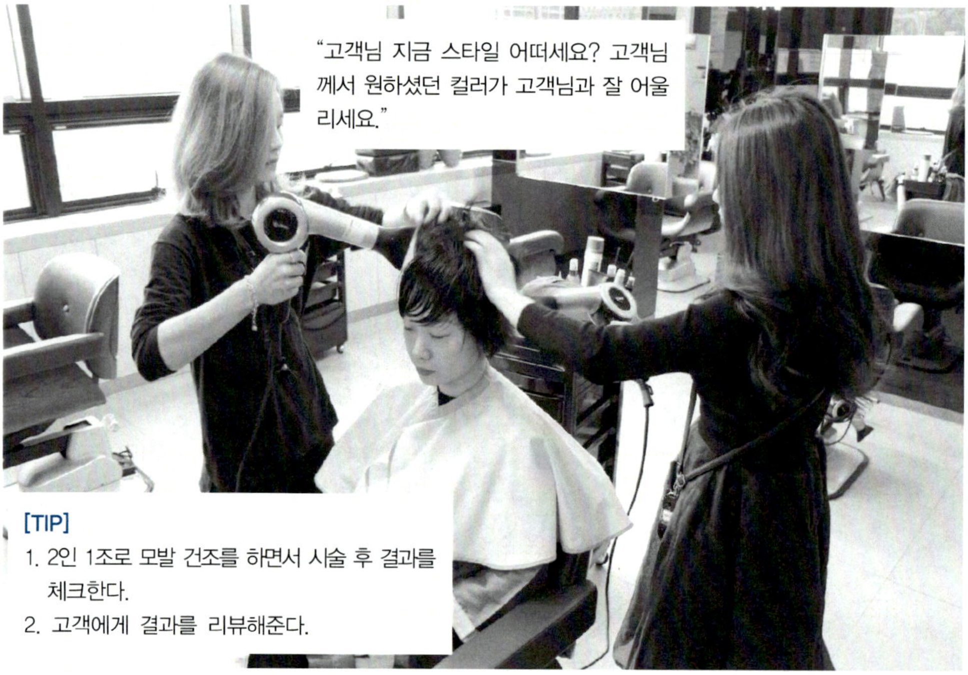

[TIP]

1. 2인 1조로 모발 건조를 하면서 시술 후 결과를 체크한다.
2. 고객에게 결과를 리뷰해준다.

32 스타일링 연출

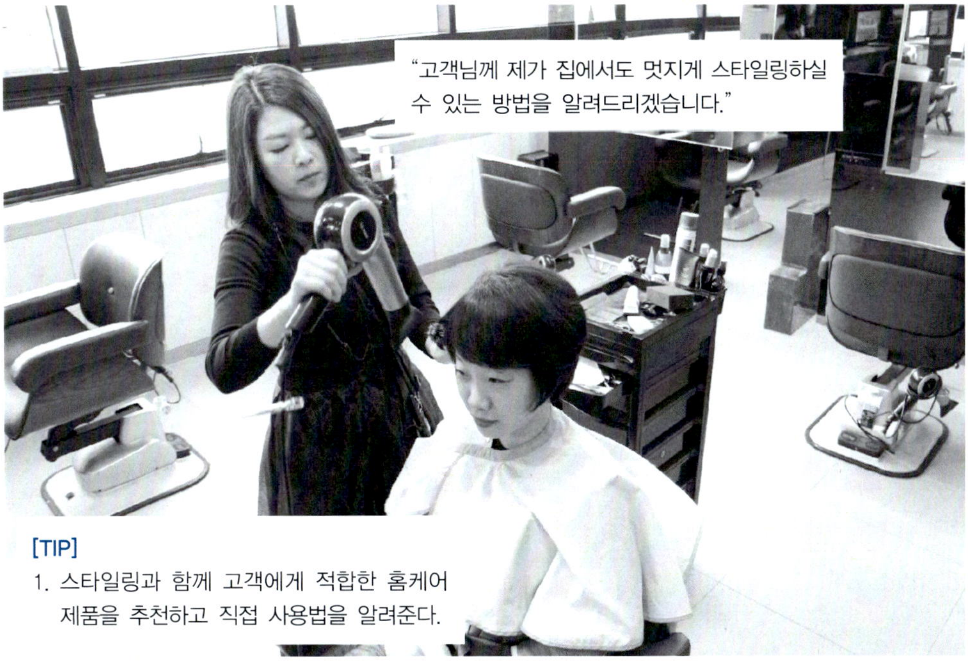

[TIP]

1. 스타일링과 함께 고객에게 적합한 홈케어 제품을 추천하고 직접 사용법을 알려준다.

33 스타일링 완성 및 고객 만족도 체크

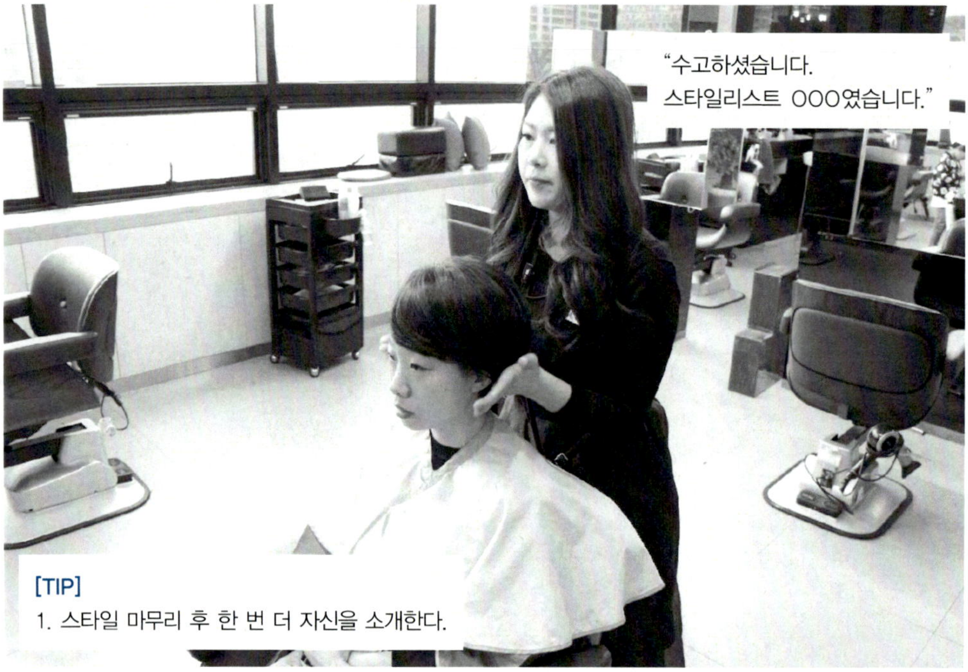

34 홈케어용 제품 추천

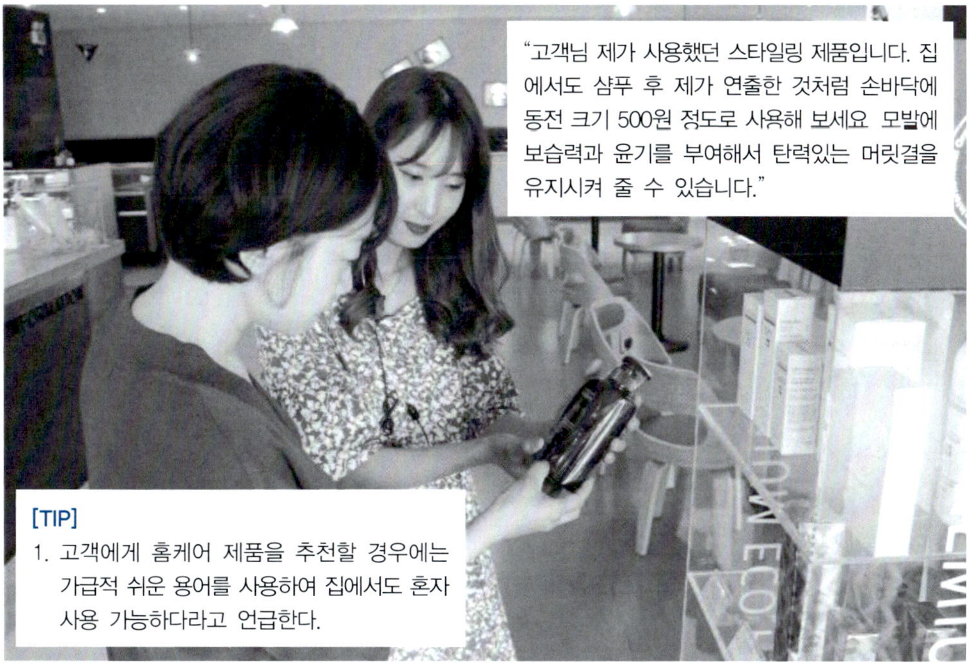

"고객님 제가 사용했던 스타일링 제품입니다. 집에서도 샴푸 후 제가 연출한 것처럼 손바닥에 동전 크기 500원 정도로 사용해 보세요. 모발에 보습력과 윤기를 부여해서 탄력있는 머릿결을 유지시켜 줄 수 있습니다."

[TIP]

1. 고객에게 홈케어 제품을 추천할 경우에는 가급적 쉬운 용어를 사용하여 집에서도 혼자 사용 가능하다라고 언급한다.

35 정산 안내

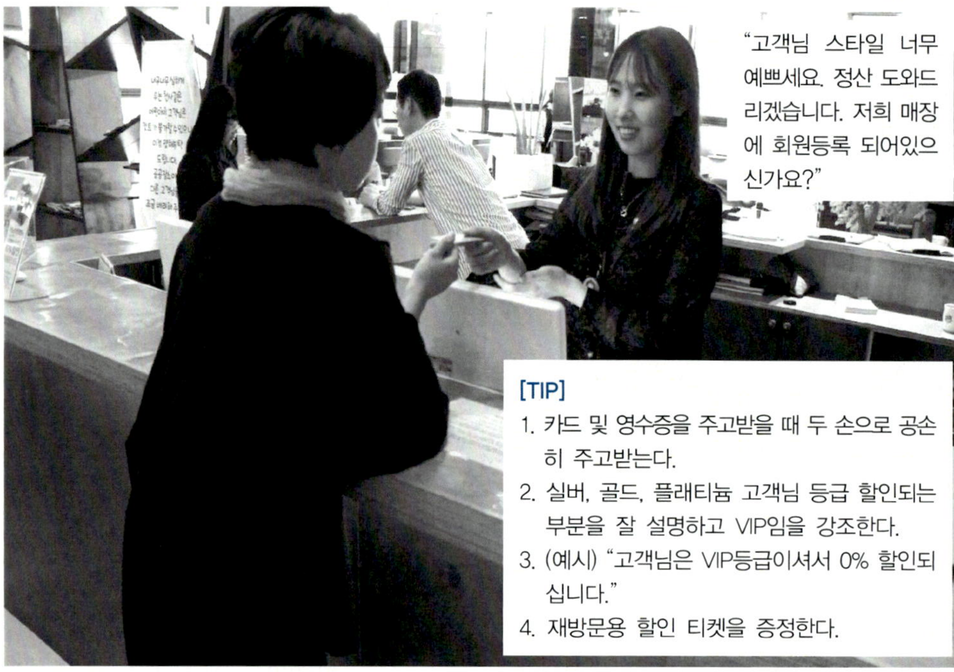

[TIP]

1. 카드 및 영수증을 주고받을 때 두 손으로 공손히 주고받는다.
2. 실버, 골드, 플래티늄 고객님 등급 할인되는 부분을 잘 설명하고 VIP임을 강조한다.
3. (예시) "고객님은 VIP등급이셔서 0% 할인되십니다."
4. 재방문용 할인 티켓을 증정한다.

36 종량제 봉투 제품 패키징

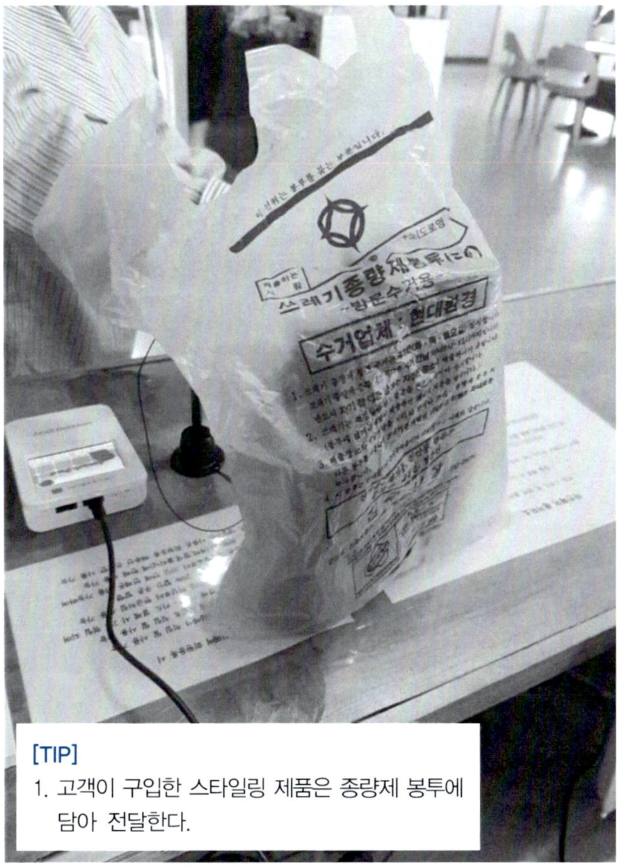

[TIP]

1. 고객이 구입한 스타일링 제품은 종량제 봉투에 담아 전달한다.

37 고객 퇴실 및 배웅

부록 OO헤어 필드 암구어

NO	용어	뜻	NO	용어	뜻
1	NHC	신규 컷트	17	ML	기계방치
2	PHC	기존 컷트	18	NL	자연방치
3	NPC	신규 펌	19	NT	중화
4	PPC	기존 펌	20	WK	계산서(전표)
5	NDC	신규 염색	21	C2	계산
6	PDC	기존 염색	22	CRT	음료체크
7	2PHC	기존 고객이나 지정 디자이너 없음	23	CRZ	잡지체크
8	2PPC	기존 고객이나 지정 디자이너 있음	24	F	마무리
9	2PDC	기존 고객이나 지정 디자이너 변경 요청	25	RV	예약고객
10	BHC	앞머리 커트	26	C2C	클레임고객
11	FP	신속하게	27	TD	주변정리
12	CC	연결	28	WC	대기고객
13	CLS	컬링테스트	29	EG	빈잔체크
14	M	제품(약)	30	DR	음료리필
15	W	세척	31	UC	불편하신 곳 체크
16	SP	샴푸			

6 피부관리실 공간 구성과 심리 경영

1 피부관리실 인테리어 설계

1) 임대차 계약 전 꼭 알아야 할 에스테틱, 스파 입지, 설계, 인테리어 사항

(1) 에스테틱, 스파의 입지 조건

① 근린생활 1종인가?

② 고객 주차는 편리한가?

③ 내부 화장실이 가능한가?

④ (급배수, 배관 체크) 욕조, 샤워시설, 싱크대의 사용 시 물탱크를 별도로 설치해야 할 수 있다.

⑤ 스파 욕조를 설치할 때는 배관 말단 기준, 수압 $4kg/cm^2$ 이상이어야 하므로, 오래된 건물은 사전에 반드시 체크가 필요하다.

⑥ 주변에 혐오시설은 없고, 냄새와 소음은 괜찮은가?

⑦ 영업시간은 건물주와 협의 가능한가?

⑧ 간판 자리에 대한 협의는 가능한가?

⑨ 간판은 법적으로 3층까지만 달 수 있다.

⑩ 건물주에 대한 평판

⑪ 인근 부동산, 해당 건물 관리인 또는 임차인에게 물어볼 수 있다.

⑫ 공사 기간 내 임차료 면제 여부 등

(2) 세부 확인 사항

① 임대차 계약기간은 통상 2년이며 이 외에도 영업권 보호 기간을 명시(통상 5년)한다.

② 건물 전기 용량과 사용할 기기의 전기 용량을 사전에 체크, 승압 공사를 해야 하는 경우가 있다.

③ 건물에 따라서는 도시 가스가 들어오지 않는 경우가 있다.

④ 난방, 온수를 가스로 사용하려면 미리 체크해야 한다.

2) 에스테틱 스파 설계 시 꼭 알아 두어야 할 팁

(1) 간판

① 구청 심의를 득한 후 달 수 있다.

② 오픈을 홍보할 수 있는 수단이다.

③ 공사 기간 초반에 미리 신청을 하는 것이 좋다.

(2) 고객 탈의

고객이 탈의를 한 상태이므로 문을 열었을 때, 시선이 잘 고려되어 설계되어야 한다.

(3) 조명

간접 조명, 조절 조명을 주로 활용한다.

(4) 자연 채광

자연 채광은 최대한 실내로 유입하거나, 외부 자연 경관을 잘 개발(차별화 요소)한다.

(5) 물을 사용하는 공간

① 방수공사, 배관공사는 가장 기본이다.

② 수입 욕조의 경우 배관 사이즈가 국내와 다를 수 있으므로 반드시 시공 전에 체크해야 한다.

(6) 인테리어

① 콘셉트를 살릴 수 있는 마감재료, 색상을 선택한다.

② 너무 임팩트가 강한 종류(ex 꽃무늬 벽지)를 쓰면, 고객이 쉽게 지루해하고 식상해할 수 있다.

(7) 기기별 세부 사항

① 크기, 이동, 사용에 따른 코드배치, 용량 등을 적용한다.

② 따라서 반드시 공사가 들어가기 전 모든 기기가 선정되어야 한다.

(8) 최소 룸 사이즈, 베드 사이즈, 락커 사이즈는 꼭 알아 두어야 한다.

7 피부관리실 구성품 관리와 접객 서비스 전략

1 시술대

시술대는 고객을 직접적으로 케어하는 제품과 집기의 보관대로 관리사 개인별로 갖춰진 시술대가 많다. 시술용 제품과 기기를 정리해서 세팅하고, 보관 자체가 관리실의 품격을 높일 수 있으므로 항상 청결히 관리하여야 한다.

또한, 점판과 이어질 가능성이 높으므로 시술용 제품과 홈 케어 제품을 정리 정돈하여 구분하되 간단한 사용법에 대한 메모나 안내가 있을 경우 고객의 구매 욕구를 높일 수 있다.

2 메뉴판

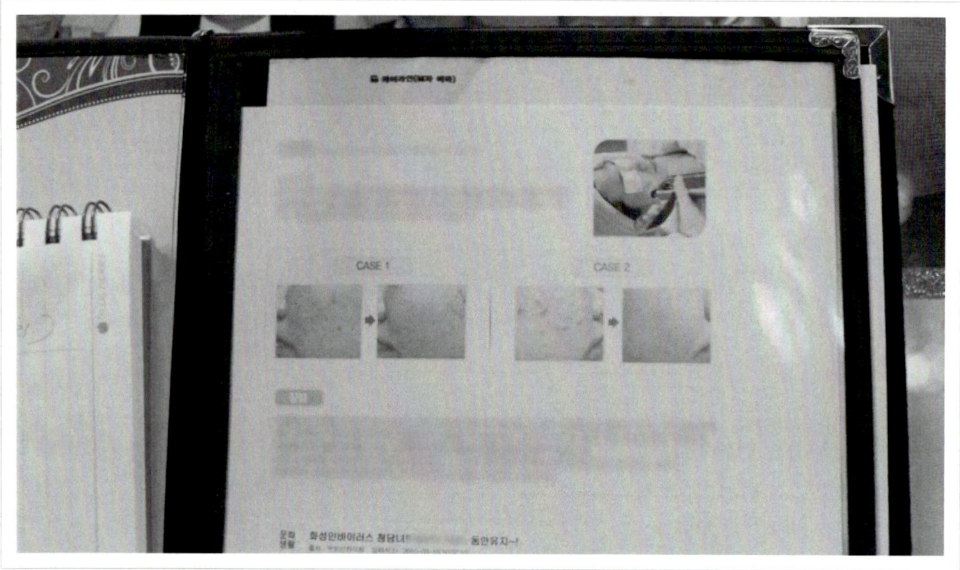

신규 고객 상담 시 관리 전반에 대한 내용과 회차, 가격을 한눈에 볼 수 있다. 이미지화된 임상 데이터를 통하여 before, after의 관리 전후 상태를 고객이 직접 한눈에 비교할 수 있으며 과장이나 허위 광고는 피해야 한다.

또한, 불황기를 감안한 고객 상담이라면 선불권 안내를 활성화하여, 단일 품목이 아닌 패키징 프로그램을 상품화하여 보다 합리적인 소비패턴이 이루어질 수 있도록 고객을 유도하는 것이 좋고, 패키징 프로그램은 고객의 재방문율을 높일 수 있다.

최근에는 아이패드를 통한 이미지 전달도를 높여 티켓팅을 유도하는 관리실이 증가하고 있다.

3 시술 베드(Bed)

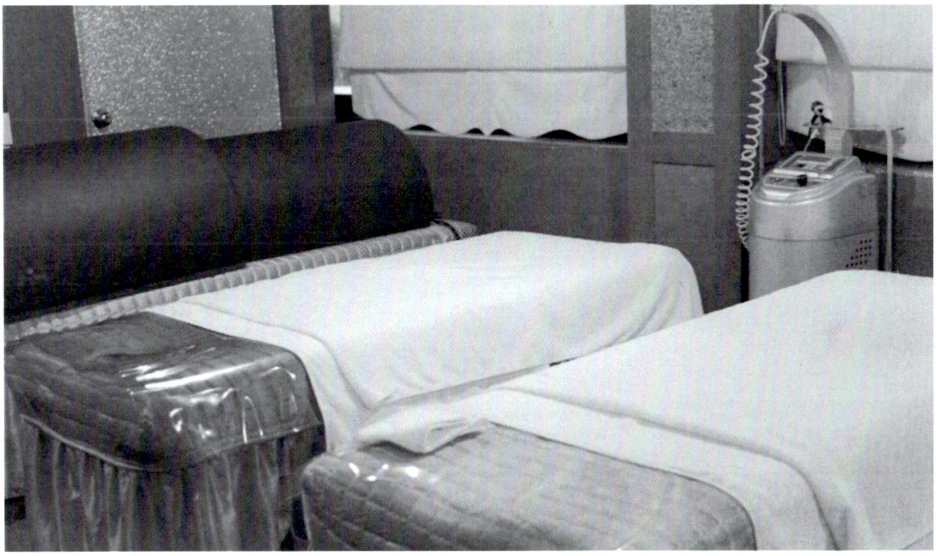

고객들이 본격적인 관리 서비스를 받는 힐링 공간으로 오감 만족을 통하여 기본적으로 안락함과 편안함이 선행되어야 한다. 고객이 편안함을 느끼는 오감 만족 마케팅에 대해 알아보자.

1) 청각

사운드 테라피를 적용하여 가사가 없는 음악과 가급적 단조의 곡을 선정하여 차분함을 연출한다.

2) 시각

조도는 가급적 30lux 이하로 하되, 고객의 눈부심이나 피로가 쌓이지 않게 유념한다.

3) 후각

일부 피부관리실의 경우 베드의 매트나 수건류의 건조 상태가 좋지 않아 냄새가 나는 경우가 있으므로 반드시 깨끗한 세탁과 건조 상태를 확인하여야 하고, 기타 관리도구나 해면 등은 항상 청결을 유지한다.

또한, 베드 공간 내의 전체적인 후각적 느낌은 인조 향료나 사향 계열의 향수는 피하고, 자연 계열의 은은한 허브향을 선택한다.

4) 미각

관리 후 따뜻한 건강차를 제공하여 독소 배출의 효과와 관리 효과가 서로 시너지를 낼 수 있게 한다.

5) 촉각

고객과 상의하여 지압 강도를 결정하고, 관리사는 반드시 관리 전 불필요한 액세서리를 제거하고, 손톱 관리 상태를 확인한다. 특히, 소음인인 경우 자극적인 압박법은 피하고, 림프나 혈행, 피부의 결에 맞는 방법으로 자극하여 압박한다.

4 상담 및 인포메이션

피부관리실의 첫인상을 좌우하는 매우 중요한 공간으로 주력 사용 제품의 진열을 통해 관리 전 관리 제품과 홈케어용 리테일 제품에 대한 안내와 정보를 제공받을 수 있다.

인포메이션 담당자는 에스티션이 관리를 목적으로 입는 유니폼보다는 정장풍의 투피스가 고객의 신뢰도를 높일 수 있고, 상담실은 따로 분리하여 보다 체계적인 상담을 하는 것이 좋다.

또한, 상담실은 사전 체지방 측정기, 두피 진단기, 기타 식습관을 알 수 있는 간단한 셀프 프로그램을 도입하여 고객과 상담하고, 관리 전 상황을 고객 차트에 기입하면서 고객과 상담 시 티켓팅 유도가 높아진다.

5 고객 대기석

고급 스파일수록 케어 룸보다는 서비스 공간을 더 차별화해야 한다.

대기, 응대, 푸드를 제공하는 오픈형 카페 공간과 고객별 전문 상담 또는 클레임성 상담을 위한 카운슬링 공간이 별도로 있으면 좋다.

6 케어 룸

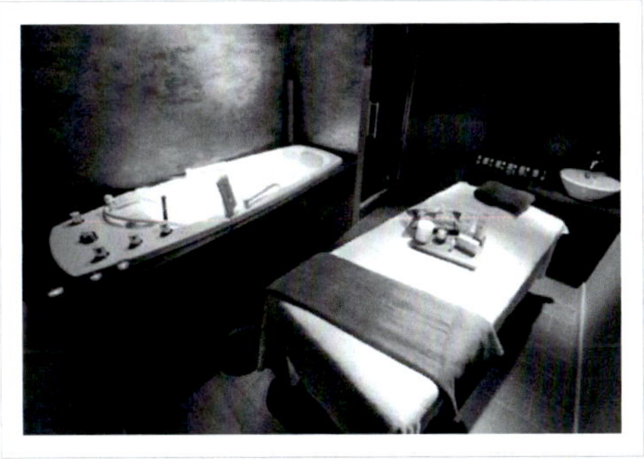

① 힐링에 가장 포커스를 맞추어야 하는 공간이다.

② 방음, 환기, 조명, 보온, 오디오에 대한 설계를 섬세하게 해야 한다.

③ 베드에 누웠을 때 환기, 에어컨, 히터의 바람이 고객 얼굴 쪽으로 직접적으로 가지 않도록 설계한다.

④ 가급적 바닥 난방이 좋다.(히터, 에어컨은 호흡기 및 피부를 더 건조하게 함)

⑤ 케어 룸 공간이 넓으면 룸에 필요한 부수적인 것(온장고, 타월 수납, 고객 탈의 락커 등)이 모두 빌트 인으로 락커를 설계하면 좋다.

⑥ 조절 조명을 설치한다.

⑦ 베드 위 히팅은 전기 장판 보다는 온수 매트가 좋다.

7 파우더 룸

① 탈의 후 고객이 가운을 입고 이동하는 동선이므로 가급적이면 룸에서 가장 가까운 곳으로 최우선 설계하는 것이 좋다.

② 케어룸 안에 샤워실, 화장실을 비치할 경우 프라이버시에는 좋지만 룸 체류 시간이 길어져 운영 수익성이 감소할 수 있다.

8 샴푸실

① 시공 전 배관 폭과 길이에 대해 사전 고려가 되어야 한다.

② 물이 많이 사용되는 공간이므로 바닥 미끄럼 방지 타일과 기타 방수 시설에 대한 사전 고려가 필수적이다.

③ 고객의 두피 타입에 맞는 다양한 샴푸제를 구비한다.

④ 직원의 샴푸 동선에 따라 샴푸대를 배치한다.

⑤ 고객 목받침은 별도 구비한다.

9 풋 스파 존

① 방수 시설 사전 고려 및 주변 방부목 소재를 사용한다.

② 물 온도를 항시 체크한다.

10 기기 관리

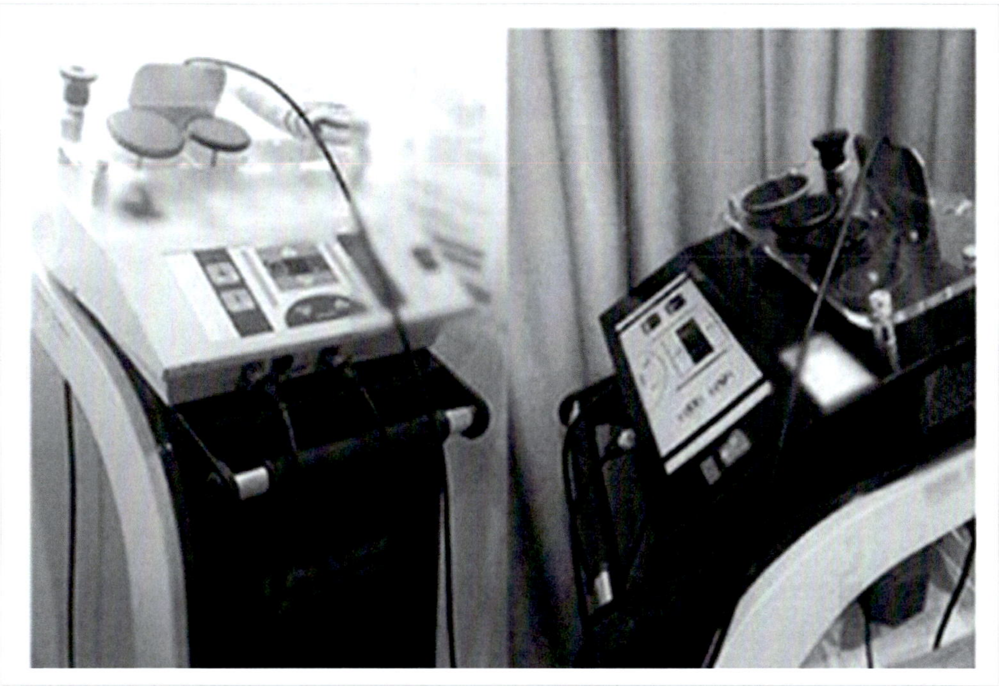

① 의료용인지 뷰티 목적인지를 반드시 구별한다.

② 전기 사용기기가 많으므로 화재나 기타 전선 관리를 철저히 한다.

③ 자주 사용해야 고장이 없고, 사용 후 반드시 청소를 통한 위생 관리를 철저히 한다.

④ 사용 수칙을 반드시 숙지하고, 간단한 메모를 통해 사용법을 게시한다.

11 피부관리실 공간 심리 경영

1) 고객 서비스 시설

명칭	공간별 심리 경영
인포데스크	• 스파의 첫인상 • 응대 직원의 얼굴이 예뻐보일 수 있는 조명과 로고의 부착 • 이미지가 중요
대기, 응대, 카운슬링 공간	• 고급 스파일수록 케어룸 보다는 서비스 공간을 더 차별화해야 함 • 대기, 응대, 푸드를 제공하는 오픈형 카페 공간과 고객별 전문 상담 또는 클레임성 상담을 위한 카운슬링 공간이 별도로 있으면 좋음
샤워실, 화장실, 풋 스파 존, 파우더 룸	• 탈의 후 고객이 가운을 입고 이동하는 동선이므로 룸에서 가장 가까운 곳으로 최우선 설계 고려 • 케어룸 안에 샤워실, 화장실을 비치할 경우 프라이버시에는 좋지만 룸 체류 시간이 길어져 운영 수익성이 감소할 수 있음

2) 테라피 시설

명칭	공간별 심리 경영
케어 룸	• 힐링에 가장 포커스를 맞추어야 하는 공간 • 방음, 환기, 조명, 보온, 오디오에 대한 설계를 섬세하게 해야 함 • 베드에 누웠을 때 환기, 에어컨, 히터의 바람이 고객 얼굴 쪽으로 직접적으로 가지 않도록 설계 • 바닥 난방이 좋음(히터, 에어컨은 호흡기 및 피부를 더 건조하게 함) • 케어 룸 공간이 넓으면 룸에 필요한 부수적인 것(온장고, 타월 수납, 고객 탈의 락커 등)이 모두 빌트인으로 락커를 설계하면 좋음 • 조절 조명 • 베드 위 히팅은 전기 장판 보다는 온수 매트 권장

명칭	공간별 심리 경영
웨이셜	• 관리하는 테라피스트들의 움직임을 생각하며 베드 좌우, 위아래 공간을 충분히 확보 • 제품을 놓는 웨건이 움직일 수 있도록 상하, 좌우 공간 확보 • 기기를 쓰는 경우가 많으므로 콘센트 위치는 베드 바닥으로 매립 • 에어컨, 난방 장치는 얼굴에 직접 닿지 않게 • 너무 여성적이지 않도록(남성 고객 비중도 높아지고 있음) • bed 스페이스는 최대한 줄여 대기, 휴게 공간을 더욱 강조하되 벽체, 천장, 바닥색을 잘 배열해서 시각적으로 답답하지 않도록 설계
바디	테라피스트의 키를 고려하여 높낮이 조절 베드 권장(단, 가격이 비쌈)

3) 준비 시설

명칭	공간별 심리 경영
스텝실	• 고객의 음료를 준비하는 공간, 동선 고려 • 직원 식사 제공 여부에 따라 환기, 취사 여부 사전 결정 • 여러 프로시설의 첫 단계이므로 데스크, 룸간의 이동이 가장 원활한 곳으로 배정 • 준비 공간이 열려있을 경우 고객뷰가 좋지 않으므로 동선 설계 시 잘 고려 • 자동문·닫힘 레버를 달면 좋음
직원 휴게실	직원의 신체적 피로를 풀 수 있는 공간과 식사공간, 컴퓨터 작업, 준비 공간은 분리하는 것이 좋음

4) 하이드로 테라피 시설

명칭	공간별 심리 경영
바스	• 온도, 습도, 환기 유의 • 미끄러짐 방지 타일 • 산소가 잘 통하는 체어 베드룸을 근처에 두어 어지럼증 호소 시 급히 이동 • 배관 사이즈 사전 고려
비쉬	사방에 물이 튀므로 벽, 바닥 모두 방수 처리
월풀룸	• overflow 항상 신경 써야 함 • 배관 사이즈 사전 고려

12 유니폼의 효과

① 소속감, 일체감을 높일 수 있다.

② 매장의 첫인상을 좌우하는 초두효과를 높일 수 있다.

③ 살롱의 청결 및 위생 상태를 알아보는 척도로 고객으로부터 신뢰감을 형성시킬 수 있다.

④ 디자이너 개성을 줄이고, 근무복에 대한 부담을 줄일 수 있다.

⑤ 행동 제약에 따른 나쁜 근무 태도를 줄일 수 있다.

⑥ 매장의 차별화 요소로 작용한다.

생각해 봅시다.

8 시술 테크닉 실전 응용

1 헤어 토닉의 종류와 원료

1) 두피

두피와 모발에 영양을 주어 건강하고 윤택한 머릿결을 만들어주고, 모근을 튼튼하게 하여 탈모를 예방하며 비듬, 가려움증을 없애 준다.

유지류의 사용 유무에 따라 유성과 무유성으로 나뉘는데, 이것은 또 건조성 두피용과 유성 두피용으로 나눌 수 있다.

무유성 헤어토닉은 30~70%의 알코올 수용액에 살균제와 자극제 등을 용해시키고 향료를 넣어서 만든다.

유성 헤어토닉은 물은 쓰지 않고 순알코올에 살균제와 자극제·향료를 용해한 유지류 등을 넣어서 만드는데, 피마자기름과 지방산에스테르는 잘 용해되지만 다른 유지는 알코올에 용해되지 않고 2층으로 분리되므로 사용할 때마다 잘 흔들어서 써야 한다.

2) 비듬

비듬은 두피에 밀착하여 털어서는 잘 떨어지지 않고, 정상인은 머리를 감은 3~5일 후면 두드러지게 나타나는데, 비듬이 쌓이면 가려워진다. 비듬이 병적으로 많은 경우를 비듬증이라 하며, 의학적으로는 건성지루(乾性脂漏)라고 한다.

이것이 오래 지속되면 머리털이 차차 적어지며, 비강성 탈모증(粃糠性 脫毛症)이라고 하는 상태가 된다. 치료와 예방을 위해서는 흥분을 피하고 규칙적인 생활을 하며 머리를 깨끗이 하고 자주 감는다. 비타민 B_2가 풍부한 음식(우유, 육류, 달걀 등)을 섭취하는 한편, 이황화셀렌이 들어 있는 샴푸를 사용한다.

3) 향료

향료에 이용되는 물질은 상온(常溫)에서 휘발성이 뛰어나며, 종류는 400~500종에 이른다. 향료는 장미, 레몬 등에서 얻는 천연 향료, 값이 싼 천연 향료, 콜라트 등 의 원료로부터 분리, 정제한 단리 향료(單離香料), 화학반응을 거쳐 합성시킨 합성 향료 등으로 대별된다.

단리 향료와 합성 향료를 합하여 인조 향료라고도 한다. 또 용도별로는 화장품 향료와 식품 향료로 대별되는데, 화장품 향료는 단지 향기 부여를 목적으로 하지만 식품 향료는 냄새에 맛을 가미한 플레이버(flavor)를 주체로 한다.

4) 살균제

일반적으로 감염의 예방을 목적으로 사용되는 페놀수, 크레졸수, 승홍수(昇汞水), 클로르칼크, 포르말린 외에 가정용으로 알려진 알코올, 크레졸 비누액, 과산화수소수 등의 소독제가 있다.

또한, 항균성(抗菌性)이 있는 향세 물질도 여기에 포함된다.

좁은 의미의 살균제로는 진균(眞菌), 이른바 곰팡이를 살상시키는 약제를 말하며 무좀과 같은 피부병을 치료하는 의학용 살균제와 식물에 격심한 피해를 주는 진균병을 방제하기 위해 사용되는 농약, 즉, 농업용 살균제가 주가 되고 있다.

살균제는 작물 재배 중 식물체에 살포하거나 그 밖의 종자, 토양 등에 처리된다.

현재 사용되는 대부분의 살균제는 예방 효과가 있는 보호 살균제(protectant fungicide)에 속하며, 일반적으로 분제, 액제로서 식물체에 살포한다.

이러한 살균제는 식물 큐티쿨라를 침투하지 못하며 식물체 내에 이동되지 않으나, 최근에 개발되고 있는 보호적 효과뿐 아니라 치료적 효과가 뚜렷한 침투성 살균제(systemic fungicide)는 뿌리, 잎, 종자를 통하여 흡수, 식물체 내로 이동한다.

살균제의 작용 기구에 따라 직접(eradicant), 보호적(protectant), 치료적(curative) 살균제로 구별된다.

그러나, 살균제를 효과에 따라 엄격하게 구별할 수 없으므로 다음과 같이 화학 구조별로 나눌 수 있다.

① **무기 살균제** : 보르도액, 석회 황합제 등이 있으나 약해가 있고 잔류 문제 때문에 사용이 줄어들고 있다.

② **유기 수은제** : 한국에서는 1954년 이후부터 주로 벼 도열병의 방제용으로 '세레산'이 사용되었으나, 잔류 독성 문제로 1972년부터 종자소독용으로만 쓰이다가 1977년 12월 이후로 사용이 금지되었다.

③ **디티오카르바메이트** : 본래 고무의 경화제로서 개발되었던 것으로 살균 효과가 발견되면서 순수한 유기합성 살균제의 개발이 본격화되었다.
이 살균제는 약효가 넓고 구리, 황제제와 비교하여 식물에 친화성이 좋다는 것이 큰 장점이다.
과수, 화훼, 채소 재배에서 잎에 반점을 형성하는 여러 병방제에 사용된다.
다이센엠 45, 지네브, 마네브, 안트라콜(propineb), 지오람 등이 있다.

④ **프탈라마이드제** : 작물에 약해가 적고 좋은 약효를 나타내며 캡탄, 캡티폴(디폴라탄), 폴펫 등이 여기에 속한다.

⑤ **벤디미다졸제** : 베노밀(벤레이트)이 1967년 침투성 살균제로 개발된 이후 대량으로 사용되고 있다.
티오판에이트에틸(톱신) 등이 이에 속하며 잎면살포제, 종자소독제, 토양 소독제 등으로 사용되고 있다.

⑥ **트리아졸제** : 최근에 널리 사용하는 침투성 살균제로 트리아디메폰(바리톤), 트리시크라졸(빔) 등이 있어 흰가루병, 녹병, 도열병 방제에 유효하다.

⑦ **기타 유기살균제** : 메탈락실(리도밀)은 예방 효과, 치료 작용, 침투 이행 작용이 좋아 노균병, 역병 방제에 효과가 뚜렷하다.
다찌가렌(hymexazol), 키타진(IBP), 히노산(edifenphos), 후지왕(isoprothiolane) 등이 벼 재배에 사용되고 있다.

⑧ **농용 항생제** : 방선균과 같은 토양미생물에서 생성된 항생물질이 작물 재배에 사용되고 있다.
스트렙토마이신, 시크로헥사마이드, 블라스티시 S, 카수가마이신, 폴리옥신, 발리다마이신 등이 있다.

2 핫 타월 서비스 시술 순서

① **샴푸 도포** : 붓을 이용해서 두피와 모발에 샴푸를 골고루 도포해준다.

② **모류 정리** : 모발을 모류에 따라 자연스럽게 빗는다.

③ **두피 세정** : 빗질을 통해 두피에 쌓인 먼지, 노폐물을 1차적으로 털어낸다.

④ **두피 마사지**

두피 마사지는 두피를 자극하여 신진대사를 높이고 피지 분비물을 촉진시켜 한층 탄력있는 건강한 머릿결로 가꾸어 주며 맑은 기분을 느끼게 한다.
두피 마사지를 해주면 모발 건강에 매우 효과적일 뿐 아니라 모근까지 상쾌해진다.

3 두피 마사지 시술 순서

① 손끝을 이용하여 머리 윗부분부터 아래쪽까지 두피 전체를 비벼 문지른다.
② 두정부 중앙의 '백회' 부분을 손가락 끝으로 가볍게 톡톡 친다.
③ 양손의 둘째와 가운데 손가락으로 좌우의 관자놀이를 눌렀다 뗐다를 반복한다.
④ 양손을 가볍게 쥐고 머리 전체를 가볍게 두드린다.
⑤ 손가락을 펴서 머리를 잡은 후 선을 오므리면서 두피를 잡아당긴다.
⑥ 엄지손가락을 관자놀이에 놓고 다른 손가락을 크게 펴서 원을 그리듯이 움직이면서 문지른다.

4 두피 마사지 기본 테크닉

① **주무르기** : 양손 손바닥을 편 채 손끝에 힘을 주어 두피를 강하게 누르면서 손을 나선형으로 움직인다.
② **누르기** : 양손 손바닥을 펴고 손바닥에 힘을 주어 머리를 세게 눌렀다가 순간적으로 힘을 뺀다.
③ **문지르기** : 손끝으로 두피를 문지르는 방법으로 너무 거칠게 문지르면 모발이 빠지므로 지그시 누르며 문지른다.
④ **두드리기** : 손끝을 두피에 수직이 되게 하고 손목을 움직여서 그 반동을 이용한다.

5 핫 타월 마사지 순서

① 핫타월을 목과 어깨 위에 올려놓는다.

② 우선 전체적으로 간단하게 마사지 해준 후 목 부분 마사지를 시작한다.(단, 목 부분은 아래쪽으로 내려주듯이 마사지 해준다.)

③ 목마사지 후 자연스럽게 어깨 부분으로 내려와서 어깨마사지를 해준다.

④ 마지막에도 자연스럽게 쓸어내리듯이 마무리 해준다.

6 고객 맞춤식 퍼스널 컬러 진단

1) 퍼스널 컬러 진단이란?

피부색, 눈동자색, 머리카락색(두피색), 봄, 여름, 가을, 겨울(4계절 색채)을 바탕으로 하는 색채 소구를 활용하여 전문적으로 진단하는 것

2) 퍼스널 컬러의 조건과 제안

① 인간은 태어나면서 고유의 색을 가지고 태어난다.

② 고객에게 어울리는 컬러(BEST COLOR)와 어울리지 않는 컬러(WORST COLOR)와 기본 컬러(BASIC COLOR)를 제안한다.

③ 개개인의 헤어, 메이크업, 의상 소품 및 개인의 전반적인 패션 스타일 등을 함께 제안한다.

3) 퍼스널 컬러 이미지 연출

(1) 기대 효과

① 감성시대를 살아가는 감성고객들의 니즈(Needs)이다.

② 감성시대에 성공적인 인간 관계를 위해서 첫 이미지를 상대방에게 잘 전달하는 연출력이 필요하다.

③ 사람의 이미지를 좋게 대변할 수 있는 총체적인 것 : 색깔

④ 인간의 오감 중 가장 빠른 반응 : 시각

⑤ 눈으로 보일 때 강렬한 느낌과 깊은 신뢰를 보인다.

4) 퍼스널 컬러 진단의 목적과 장점

① 얼굴색 보완 및 얼굴형 보완, 젊고 건강한 외모 표현이 된다.

② 색채 조화를 활용하여 본인에 맞는 이미지 컬러를 찾을 수 있다.

③ 어울리는 메이크업, 소품, 의상을 쉽게 선택하여 시간을 절약할 수 있다.

④ 개인의 장점을 최대한 표현, 자신만의 이미지 연출이 가능하다.

⑤ 자아심과 자신감을 증폭하여 경제적 효율성을 창출할 수 있다.

5) 컬러 이미지 컨설팅 프로세스

(1) 단계별 컬러 이미지 프로세싱

① Step 1(첫인상 파악) : 방문 상담, 첫인상 파악, 이미지 로드 맵 작성

② Step 2(퍼스널 컬러 진단) : 피부색 유형 분석, 사계절 컬러 드레이핑, 퍼스널 컬러 진단 분석

③ Step 3(이미지 분석) : 패션 스타일 진단 분석, 체형 진단 분석, 패션 코디네이션

④ Step 4(피드백) : 이미지 진단 카드 지급, 베스트 컬러 칩, 패션 스타일 이미지 맵, 2차 컨설팅 진행

6) 퍼스널 컬러 진단 시 유의 사항

① 자연광에서 진단한다.

② 화장하지 않은 본연의 얼굴에서 진단한다.

③ 과음, 과로, 임신 시 진단이 불가하다.

④ 머리 염색 시 흰 수건으로 가린다.

⑤ 흰색 상의를 착용한다.

7) 드레이핑

7 피부 미용 실전 시술 테크닉 응용

1) 전전두엽피질의 자극 단계

맛있는 음식을 보거나 사고 싶은 물건이 생기면 기분이 좋아진다.

→ 막상 결제하려고 할 땐 높은 가격대에 망설인다.

→ 무이자, 제휴 할인, 선불 정액권 안내

2) 여드름 피부 관리

(1) 여드름이 생기는 이유

① 여드름은 피지가 지나치게 분비되고 모공으로부터 원활한 배출이 되지 않아 생기는 염증성 질환이다.

② 주로 청소년기의 사춘기 시절에 많이 생기지만 20~30대 여성들과 스트레스가 많은 남성 등 남녀노소 누구에게나 발생할 수 있다.

③ 대인 관계에 자신감을 떨어뜨리며 가장 흔한 피부 질환이라 볼 수 있다.

④ 주로 얼굴에 생기지만 목, 등, 가슴 같은 피지선이 발달한 곳이면 어디든지 발생할 수 있는 피부 질환이다.

(2) 여드름의 주요 원인

① 피지 분비 증가

② 각질로 인한 모공 막힘

③ 여드름균 염증

④ 내부 이상으로 열 발생

(3) 여드름 관리 피부 시술 : 필링

① **천연 필링**

㉠ 천연 성분을 이용한 혼합액으로 피부를 문질러서 피부 외층을 벗겨내고 살아 있는 각질세포 안으로 양상 성분을 침투시키는 박피술이다.

㉡ 각질 세포를 제거함과 동시에 신진대사를 활성화시키고 표피를 재생시켜 고른 피부결과 맑은 피부톤으로 재생시킨다.

② **발효 흑초 필링**

㉠ 건강 음료인 발효 흑초를 베이스로 하여 피부에 영양을 주면서 각질을 떨어뜨리는 안전한 천연 박피제이다.

㉡ 천연 유기산인 흑초는 저농도에서는 각질 세포의 결합력을 와해시켜 피부에 자연스럽게 필링 작용을 하여 피부를 매끄럽게 하고 모공을 열어주는 효과가 있다.

㉢ 고농도에서 단백질을 응고시켜 피부를 탈락시키는데 그 자극이 현저하게 적어 피부에 큰 무리를 주지 않으면서 쉽고 편안하게 원하는 깊이의 필링 효과를 얻을 수 있다.

4) 여드름에 좋은 천연 팩 만들기

(1) 양배추 팩

① 양배추를 한 잎에서 두 잎 정도 떼어내어 흐르는 물에 깨끗하게 씻는다.

② 씻어놓은 양배추에 물을 약간 붓고 믹서에 간다.

③ 갈려진 양배추와 밀가루를 1 : 2 비율로 혼합하여 섞는다.

양배추 팩은 여드름뿐만 아니라 상처 재생에도 탁월한 효과가 있다.

(2) 오트밀 팩

① 계란 흰자만을 빼내어 거품기로 잘 휘젓는다.

② 잘 섞인 계란 흰자에 레몬즙과 오트밀을 함께 넣어 섞는다.

오트밀 팩은 모세혈관을 튼튼히 만들어 여드름이 나지 않은 피부에도 좋다.

(3) 토마토 팩

① 토마토를 잘 갈아준다.

② 토마토 반 큰술에 요구르트 한 큰술을 넣는다.

③ 마지막으로 해초 가루까지 한 큰술 넣는다.

토마토 팩은 비타민이 많아서 각질이 많고 두꺼운 지성 피부에 좋다.

(4) 계란 팩

① 계란 한 개를 흰자만 잘 분리한다.

② 죽염 4분의 1티스푼, 사과 식초 2분의 1티스푼, 밀가루 1큰술 정도를 넣고 섞는다.

계란 팩은 피지 제거에 탁월한 작용을 한다.

(5) 해초&율피 팩

① 해초 가루 2분의 1티스푼, 율피 가루 1큰술을 준비한다.

② 마지막으로 물을 약간 넣어 걸쭉하게 젤 느낌이 들도록 잘 섞는다.

해초&율피 팩은 탄닌 성분이 많이 들어 있어서 지성 피부를 케어하기에 좋다.

(6) 사과 주스 해초 가루 팩

① 사과 주스 반 컵 정도에 해초 가루를 2분의 1티스푼 정도 넣는다.

② 잘 섞어서 젤 느낌의 상태로 만들어준다.

사과 주스 해초 가루 팩은 미량 원소나 유기산 등이 풍부하기 때문에 피부를 하얗고 건강하게 만들어준다.

5) 여드름 관리 후 주의 사항

① 염증성 여드름의 경우 손으로 직접 짜다가 손이나 피부 세균으로 인한 흉터의 원인이 될 수 있으므로 절대 삼간다.

② 피부가 건조하지 않도록 재생 크림을 수시로 발라준다.

③ 시술 후 각질이 생길 수 있으므로 억지로 긁거나 떼지 않는다.

④ 자외선을 피하고 외출 시 썬크림을 꼭 발라준다.

⑤ 시술 후 2~3일간은 화장을 피한다.

8 두피 미용 실전 시술 테크닉의 응용

1) 두피 관리 후 혈류량의 변화

순환 개선(Microcirculation) 두피관리 후

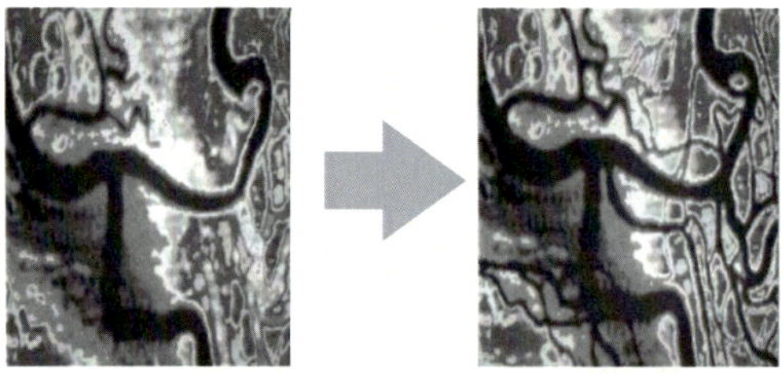

체계적인 두피 관리로
모세혈관의 혈류량이
증가된 적외선 사진

2) 두피 탈모 상담 전 자가 진단 테스트

- □ 가족(친가나 외가쪽 할아버지나 할머니, 부모, 형제) 중 머리숱이 적거나 대머리가 있다.
- □ 자주 불안, 초조하거나 짜증이 나며, 기분 전환이 쉽지 않다.
- □ 걱정이 많고, 화를 자주 내며 이마를 잘 찌푸린다.
- □ 일상생활에서 스트레스를 잘 풀지 못한다.
- □ 피로를 자주 느끼고 목과 등 근육이 뻐근하며 잘 풀리지 않는다.
- □ 생활이 불규칙적이고 밤늦게까지 잠을 자지 못하며 수면 시간이 모자란다.
- □ 매일 담배를 한 갑 이상 피운다.
- □ 평소 젤과 스프레이 등을 많이 사용하고 염색, 탈색을 자주한다.
- □ 머리를 주 2회 이하로 감는다.
- □ 평소 모자를 자주 쓰고 다닌다.
- □ 매일 온열 드라이어로 10분 이상 머리를 손질한다.
- □ 머리를 잡아당기듯 항상 묶고 다닌다.
- □ 성병 등 생식기 질환이 있다.
- □ 빈혈이 심하다.
- □ 오랜 지병이 있어 장기간 약물 복용을 하고 있다.
- □ 가슴, 턱, 팔, 다리에 털이 많다.
- □ 갑상선 질환을 앓은 적이 있거나 앓고 있다.
- □ 피임약을 복용하고 있거나 장기간 복용한 적이 있다.(여성)
- □ 피부가 거칠고 화장이 잘 받지 않는다.(여성)
- □ 생리의 양이나 주기가 일정하지 않다.(여성)
- □ 임포텐츠의 경향이 있다.(남성)
- □ 육류나 기름기 있는 음식을 즐기며, 인스턴트 음식이나 패스트푸드를 자주 먹는다.
- □ 자극적인 음식을 좋아한다.(매운 것, 짠 것, 신 것)
- □ 해조류와 야채, 과일을 거의 먹지 않으며, 편식을 한다.
- □ 과음을 주 3~4회 이상 한다.
- □ 커피, 녹차 등 카페인을 많이 마신다.
- □ 변비가 있다.

□ 표시개수 : 개

3) 자가 진단 테스트 결과

(1) 5개 이하

탈모가 일어날 확률이 매우 낮다.

하지만 1번 항목이 포함된다면 방심할 수 없다. 꾸준히 관리하여 탈모를 일으킬 수 있는 요인을 줄이는 것이 좋으며, 두피 청결과 모근에 영양을 주는 제품을 사용하는 것이 좋다.

(2) 6~12개

탈모가 진행 중이거나 악화되고 있는 중이다.

전문 두피 스케일링 관리와 탈모 관리 리테일 제품의 사용이 필요하다. 이 경우는 거의 휴지기성 모발이거나 모발 관리의 소홀로 볼 수 있는데, 빠르게 개선하기 위해 두피를 깨끗하고 청결하게 해야 하며, 모모세포 성장과 촉진을 위해 영양 공급이 필요하다.

이러한 노력은 모주기의 휴지기에서 신생기로의 전환을 촉진한다.

(3) 13~20개

계속 미관리로 방치하게 되면 심각한 탈모현상을 일으킬 수 있다.

기본적으로 일주일에 3회 이상의 두피 스케일링 관리를 지속적으로 받아야 하며, 생활습관과 식습관의 관리가 필요하다. 섬세한 홈 케어와 모발 관리가 선행되어야 한다.

(4) 21개 이상

아주 심각한 상황이다.

이 시기는 여러 가지 복합적인 요인들이 탈모의 진행을 가속화시키고 있는 단계이다.

식습관 개선이 시급히 요구된다. 단백질과 무기질이 많은 음식물과 균형 잡힌 식습관이 필요하다. 또한, 나트륨이 많은 짠 음식은 피하는 것이 좋다. 생활습관에서는 두피의 관리를 청결하게 하되 건조하지 않게 유지하는 것이 필요하다. 1일 1회 클렌징과 컨디셔닝이 반드시 필요하다.

또한, 두피 관리 시 머리나 두피에 자극을 주지 않는 것이 좋다. 두피가 탈모로 악화된 경우는 두피에 자극을 주는 화학시술을 가급적 피하는 것이 좋다. 내과적인 질병(고혈압, 저혈압, 당뇨병, 심장질환)도 의심되는 상황으로 내과적인 치료와 함께 두피 관리가 필요하다. 주 3회 이상의 전문 두피관리가 필요하며 반드시 홈 케어용 기능성 제품을 사용하는 것이 좋다.

4) 두피 시술과 미네랄 요법

(1) 미네랄은 무엇인가?

① 우리 몸에서 체중의 4%를 차지

② 많은 생물학적 반응들을 위한 촉매제

③ 불균형 시 확산성 탈모의 원인

④ 칼슘, 인, 마그네슘, 붕산, 망간, 나트륨 등 50여 종의 원소

(2) 문제성 모발과 두피의 원인

① 영양 결핍으로 인한 모발과 두피의 문제

② 단백질 섭취 불량, 필수 지방산 결핍, 흡수 불량(소장에서의 영양분 흡수 장애)

③ 확산성 탈모의 가장 흔한 원인 : 미네랄 결핍

(3) 미네랄 요법이 중요한 이유

① 혈액 검사로는 영양 상태를 보는데 있어서 정확하지 않을 때가 많다.

② 모발이 혈관보다 납수치를 훨씬 더 잘 반영한다.

③ 최근에는 모발의 미네랄 검사를 통한 상담과 진단이 확산되고 있다.

5) 탈모 예방에 도움이 되는 주요 미네랄

(1) 칼슘

① 몸에서 가장 풍부한 미네랄로 주로 뼈와 치아 구성에 가장 큰 역할을 한다.

② 탈모 증상인 '성장기 유리 증후군' 치료 시 이산화실리콘과 함께 칼슘 불화물이 사용된다.

- 유제품, 두부, 생선, 아몬드, 양조용 효모, 견과류, 대두류, 콩류, 참깨 등에 풍부하다.

(2) 크로뮴

① 포도당 내성인자(니아신을 함유)의 일부로서, 인슐린의 효과를 높여주므로 혈당 수치를 조절한다.

② 결핍 시 고혈당증이나 저혈당증과 관련되어 고혈압과 저혈압 모두 확산성 탈모를 일으킬 수 있으므로 두 증상을 앓고 있는 고객에게 효과적이다.

- 양조용 효모, 간, 소고기, 통밀 빵 등에 풍부하다.

(3) 코발트

① 비타민 B_{12}(코발라민)의 일부이다.

② 확산성 탈모를 일으킬 수 있는 악성 빈혈은 B_{12} 결핍과 관련이 있다.

- 육류, 무화과, 시금치, 양배추 등에 풍부하다.

(4) 요오드

① 갑상선에서 나오는 티록신의 일부이다.

② 결핍 시 갑상선 기능 항진증을 일으키며, 확산성 탈모와 건조한 모발과 건성 피부의 원인이 되기도 한다.

- 생선, 씨앗, 해조류, 마늘 등에 풍부하다.

(5) 철

① 적혈구 속의 헤모글로빈의 일부이며, 단백질과 결합한다.

② 철 결핍은 빈혈과 관련이 있으며, 확산성 탈모의 흔한 원인이 된다.

- 간, 소, 돼지 등의 내장, 계란, 생선, 가금류, 곡류, 녹색잎, 채소 등에 풍부하다.

(6) 아연

① 소화와 대사에 관여하는 수많은 효소들 중 일부이다.

② 결핍 시 확산성 탈모, 건성모발, 지성피부, 쉽게 멍듦, 느린 상처 회복, 손톱에 생기는 흰 점, 저항력 감소와 피로감과 관련 있다.

- 단백질, 시금치, 해바라기 씨, 버섯, 통밀 제품, 밀 배아, 양조용 효모 등에 풍부하다.

6) 독성 미네랄의 영향

(1) 독성 미네랄의 영향

① 모발의 미네랄 분석은 독성 미네랄의 수치를 결정하는 훌륭한 방법이다.

② 어떠한 독성이든 높은 수치일 때 확산성 탈모와 건조하고 부서지는 모발을 유발한다.

- 알루미늄, 비소, 카드뮴, 납, 수은

고객이 되어 생각해 보는 '10' 이야기

1. 고객이 원하는 10

① 고객은 기억해주기를 바란다.
② 고객은 환영받고 싶다.
③ 고객은 관심을 가져 주길 바란다.
④ 고객은 중요한 사람으로 인식되길 바란다.
⑤ 고객은 편안해지고 싶어한다.
⑥ 고객은 존경받고 싶어한다.
⑦ 고객은 칭찬을 받고 싶어한다.
⑧ 고객은 기대와 욕구를 수용해주길 바란다.
⑨ 고객은 자신이 주도하고 싶어한다.
⑩ 고객은 고품질의 기술과 서비스를 받고 싶어한다.

2. 고객을 이해하는 바람직한 자세 10

① 진지한 태도로 경청한다.
② 이야기하는 사람 쪽으로 몸의 방향을 돌린다.
③ 흐트러진 자세를 바로잡고 듣는다.
④ 이야기하는 사람의 눈과 입을 보면서 듣는다.
⑤ 상대방의 입장이 되어 듣는다.
⑥ 메시지를 확인하거나 질문을 하면서 듣는다.
⑦ 장단을 맞추면서 듣는다.
⑧ 적당한 놀라움이나 경탄의 표시를 한다.
⑨ 고객의 이야기 중간에 말을 가로 막지 않는다.
⑩ 고객의 이야기 중간에 비판을 하지 않는다.

3. 고객 불만 처리 포인트 10

① 최초의 고객 응대가 중요하며 불만에 대해 먼저 사과한다.
② 상대방의 입장에 동조하면서 긍정적으로 듣는다.
③ 변명하지 않는다.
④ 고객의 입장이 되어 성의있는 태도로 대한다.
⑤ 감정의 노출을 피하고 일보 후퇴하여 냉정하게 검토한다.
⑥ 솔직하게 사과한다.
⑦ 사실 중심으로 명확하게 설명한다.
⑧ 신속하게 처리한다.
⑨ 적극적인 자세로 임한다.
⑩ 권한 이외의 것은 해결 과정을 충분히 설명하고 양해를 구한다.

4. 살롱에 근무하는 미용인의 마음 자세 10

① 애사 정신을 갖는다.
② 경영자의 마음가짐을 갖는다.
③ 살롱 전체의 성장을 함께 생각한다.
④ 상식에 알맞은 행동을 한다.
⑤ 근무자는 '살롱을 대표한다.'는 사실을 잊지 않는다.
⑥ 선배와 후배에 대한 감사의 마음과 배려를 잊지 않는다.
⑦ 없어서는 안 될 소중한 사람임을 기억한다.
⑧ 가치있는 프로 미용인이 된다.
⑨ 화술을 풍부히 한다.
⑩ 성공과 비전에 대한 확고한 목표를 갖고, 단계적으로 실행한다.

9 고객 컴플레인과 대처 요령

1 컴플레인의 정의와 발생 원인

1) 컴플레인(Complain)이란?

서비스에 대해 심리적으로 갖는 기대, 희망, 가치에 대해 흡족(만족)하지 못하거나 기대수준에 미치지 못할 경우 고객의 불평불만이나 요구가 발생되는 상황을 컴플레인이라 한다.

2) 컴플레인의 발생 원인?

매장에서 제공되는 유·무형(상품, 접객 서비스, 고객 편의 시설 등)의 서비스에 대해 고객이 만족을 못하거나 기대수준에 미치지 못할 경우 및 나쁜 경험(불친절한 접객, 상품 구입 후 불량, 편의 시설에 따른 이용 불편, A/S 및 배달에 대한 약속 불이행, 가격, 광고, 분실 등)을 통하여 발생한다.

(1) 주요 발생 원인

① **미용실 or 피부관리실 측에 책임이 있는 경우**

- 직원 접객에 대한 불만
- 직원의 무성의한 접객 태도(언행 및 태도 불량)
- 고객 요구에 대한 거절
- 상품 지식 미비로 인한 부정확한 설명(제품 유효기간 및 하자 발생)
- 고객과의 약속 불이행
- 계산 착오(할인 미적용, 포인트 누락 등)
- 매장 내 직원 간의 잡담 및 핸드폰 사용으로 인한 고객 응대 미흡
- 지나친 호객 행위 및 판매 강요(강매)

㉠ 시술에 대한 불만
- 시술 불만족(펌, 염색, 커트)
- 시술 가격(가격 차이, 가격표시 불량)
- 사후 관리 불만족(재시술 후에 불만족)
- 제품 구색 미비(제품 SKU : Store Keeping Unit 및 브랜드 없음)

㉡ 시설물에 대한 불만
- 매장 환경에 대한 불만(냉/난방 시설, 안내 표지판, POP, 제품 진열대 등)
- 고객 편의 시설에 대한 불만(주차장, 휴게실, 화장실 등)

㉢ 제도에 대한 불만
- 신용 카드 관련 불만(POS 승인 지체)
- 고객 보상 제도에 불만

㉣ 기타 불만

고객 소지품 관리 소홀로 인한 불만(매장 내 분실 사고 발생) – 안전 사고 발생(미용실 이용 중 사고 발생)

② **고객 측에 책임이 있는 경우**

㉠ 지식 및 인식의 부족 : 취급 부주의로 인한 사고 발생

㉡ 고객 변심(사정 및 감정의 변화) : 교환, 환불 요구

㉢ 고의, 악의 할인의 구실 및 거래를 중단 또는 바꾸려는 경우

㉣ 고압적인 태도와 고집('손님' 강조)

㉤ 성급한 결론, 독단적인 해석, 기억 착오, 과실 성급

㉥ 제3자에 의한 잘못된 개입

2 컴플레인을 에워싼 쌍방의 심리

1) 고객의 심리

① 난처함, 문제 해결에 대한 초조감, 피해자 의식

② 불신감과 "다른 미용실, 다른 관리실도 있다."라는 보상 심리감

③ 자존심을 꺾이고 싶지 않다.

④ 친절, 공정하게 취급 받고 싶다.

⑤ 신속하고, 원만하게 처리해주기를 바란다.

⑥ 규칙 또는 법률의 무지에서 오는 불안감

⑦ 가족이나 주위 사람들로부터 오는 압박감

⑧ 대자본(회사)에 대한 열등감

2) 직원의 심리

① 바쁘다.(귀찮다)

② 내부 규칙이나 관례는 언제든 파기할 수 있다.

③ 어느 한 고객에게만 특별 취급은 안 된다.

④ 업무(기술)는 정확하다.

⑤ 만약 과실이 있다면 신용문제나 매장의 책임문제로까지 영향이 미칠까 두렵다.

⑥ 브랜드 살롱이다. 그리고 자기는 소속된 전문자라는 우월감이 있다.

⑦ 민사 소송이라 증거가 불충분하다.

3 효과적인 컴플레인 처리 방법

1) 컴플레인 처리의 '3변 주의'

컴플레인 발생 시 혼자서 해결하려 하지 말고 상사나 선배에게 인계하여 해결토록 하면 좋은 결과를 얻을 수 있고, 장소나 시간을 바꿈으로써 원만한 해결을 얻을 수도 있다.

이와 같이 사람, 장소, 시간을 바꾸어 컴플레인을 처리하는 방법을 '3변 주의'라고 한다.

(1) 사람을 바꾼다.

매니저나 경험이 많은 선임 직원에게 정확한 컴플레인 내용을 얘기하고, 인계한다.

(2) 장소를 바꾼다.

서서 이야기하는 것보다는 앉게 해서 고객을 진정시키며 경우에 따라서, 고객을 혼자 있게 해서 냉각 기간을 둔다.

매장에서 독립된 사무 공간이나 외부 커피숍 등으로 안내한다.(영업이나 기타 다른 고객에게 피해를 줄일 수 있다.)

(3) 시간을 바꾼다.

즉답을 피하고 냉각 기간을 둔다.

고객에게 꼭 중간 처리 내용을 피드백 해준다.

4 컴플레인 처리 5단계

단계	항목	처리	유의점
1단계	컴플레인에 귀를 기울인다. (정보 수집)	1. 우선 사과한다. 2. 고객 주장을 상세히 듣는다. 3. 문제점을 메모한다.	1. 감정적이지 않게 하며, 고객의 입장에서 끝까지 듣는다.(고객을 이해해 줄 것) 2. 문제 발생에 대한 사과를 한다. 3. 불평에 거역하지 말 것 (논쟁은 금물)
2단계	컴플레인의 원인을 분석한다. (문제 파악)	1. 사실을 확인한다. 2. 문제점을 파악한다. 3. 전례와 비교한다.	1. 왜 문제가 발생했는지 원인을 찾는다. 2. 고객의 잘못을 말하지 않는다. 3. 본인 의견이나 평가는 넣지 않는다. 4. 객관적으로 사실을 조명한다.
3단계	해결 방법을 모색한다.	1. 살롱의 방침정책 2. 해결의 방안설정 3. 자기권한 내인가?	1. 고객이 요구하는 것이 무엇인지 들어본다. 2. 살롱의 방침이나 정책의 적합 여부를 검토하고 신속한 해결을 강구한다.
4단계	해결책을 전한다. (문제 해결)	1. 권한 내 → 즉각 처리 2. 권한 외 → 매니저나 살롱 책임자에게 처리 의뢰	1. 정중히 성의를 가지고 납득시킨다. 2. 권한의 유무는 사내문제 3. 고객에게는 끝까지 책임을 진다. 4. 알기 쉬운 말을 한다.
5단계	결과를 피드백한다. (해결)	1. 고객의 반응을 본다. 2. 다른 곳의 영향을 살핀다. 3. 결과를 재검토한다. 4. 재발 방지대책 강화	1. 고객의 만족도를 확인한다. 2. 매장의 영향은 어떤가? 3. 판매 촉진으로 이어졌는가?

5 컴플레인 처리 시 유의 사항

① 고객의 얘기에 동조하며 긍정적인 자세로 우선 듣는 태도를 갖도록 한다. (겸손한 자세를 취한다.)

② 선입관을 버리고 끝까지 들으며 고객의 불만, 감정 등을 진정시킬 수 있도록 한다.

③ 실질적이고 객관적인 원인의 분석 : 제품 불량, 스타일링, 가격차이, 접객태도, 고객의 오해 등 원초적인 원인을 규명한다.

실제로 원인은 복합적으로 나타나며, 특히, 직원의 접객 태도에 문제가 있는 경우가 많으니 주의하도록 한다.

④ 감정 표현 노출은 절대 삼가하도록 하고 냉정하게 한발 물러서서 검토해본다.

⑤ 당사의 과실이라고 판단될 경우는 솔직하게 사과할 수 있는 마음자세를 갖도록 한다.

⑥ 설명은 사실을 바탕으로 명확하게 하여야 한다.

⑦ 논쟁이나 불필요한 변명은 피한다.

⑧ 고객의 입장에서 성의있는 자세로 임한다.

⑨ 신속 정확하게 처리하는 것은 '화'를 '복'으로 바꾸는 결과가 된다.

⑩ 고객의 자존심에 상처를 주지 않는다.

- 만약, 고객의 행동에 잘못이 있다 해도 "그것은 틀렸습니다."라고 정면에서 공략하는 것은 삼가해야 한다.

⑪ "전에도 이런 일이 있었습니다만..." 이라고 말하지 말 것

⑫ 눈쌀을 찌푸리거나 해결에 머뭇거리지 말 것.

⑬ 직원의 독단으로 처리함으로써 오히려 문제를 확대시키지 말 것

고객의 오해로 고객 자신에게 문제가 있는 경우(고객 부주의)

1. 상황에 따라 듣고는 무심결에 흘려 버린다.
2. 상황 설명을 돌려서 한다.
3. 고객의 실수라 하더라도 고객이 빠져나갈 길을 터놓고 최대한 자존심을 상하지 않게 한다.

6 컴플레인 전화 응대 요령

1) 전화 응대 포인트

① 처음 전화를 받는 사람의 응대에 따라 클레임 처리 성패가 좌우됨

② 다른 사람이 실수한 것도 자신이 실수한 것처럼 대응할 것

③ 원인과 상황에 관계 없이 먼저 사과한다는 마음가짐

④ 무리하게 혼자 해결하려 하지 말 것

⑤ 담당이 아니라고 얘기도 듣지 않은 채 다른 사람을 바꾸겠다고 하지 말 것

⑥ 고객의 감정적인 말에 이끌리지 말아야 하며 공손한 표현을 선별하여 사용할 것

⑦ 지나치게 자신의 정당성을 주장하지 말 것

⑧ 이치를 따져가면서 상대를 꼼짝 못하게 하지 말 것

⑨ 고객의 입장에 서서 성의, 열의를 다해서 공손한 자세로 임한다.

⑩ 감정적 표현, 감정의 노출을 피하고, 일보 후퇴하여 냉정하게 검토한다.

2) 전화 응대 시 주의 사항

① '듣는 일'에 철저를 기할 것 → 상대방에게 맞장구를 치고 동조하면서 긍정적으로 듣는다.

② 상대의 변명을 부정하지 말 것 → 논쟁이나 변명을 피한다.

③ 어쩔 수 없다고 판단했을 때는 즉각 대응할 수 있는 사람으로 교체할 것

④ 전화의 대기음은 고객의 노여움만 가중시킨다.

⑤ 담당자가 시술·통화 중이어서 즉시 바꿀 수 없을 경우 외출 중이라고 할 것

⑥ 고객이 성명을 밝히지 않을 경우 굳이 알려고 하지 말 것

⑦ "저희 살롱의 규정으로는…",
"저희 매장의 시스템으로는…",
"저희 미용실의 처리 방식은…"
과 같은 표현은 사용하지 말 것

⑧ 적극적인 자세로 임한다.(개량·개선하여 고정 고객화)

⑨ 솔직하게 사과한다.

⑩ 설명은 사실을 중심으로 명확하게 하며 신속히 처리한다.

7 컴플레인 처리 원칙

① 고객의 입장에서 고객이 가장 편리한 대로 100% 응대한다.

② 성의와 신속 처리 원칙

③ 친절하고 적극적인 자세로 처리한다.

④ 고객을 자극하는 언행은 삼간다.

⑤ 품목별 소비자 피해 보상 규정 및 당사 고객 보상 서비스 제도 처리 지침 규정 범위 이내의 사항에 대해서는 즉시 처리한다.

⑥ 본인 처리 불가 시에는 프랜차이즈일 경우, 즉시 본사 담당이나 고객 만족 센터로 처리 의뢰한다.

이것만은 반드시 지킵시다.

1. 교환·환불은 되도록 고객의 입장에서 100% 이행한다.
2. 고객과의 약속은 반드시 지키고 불가피한 사정 발생 시에는 사전 연락으로 고객에게 양해를 구한다.
3. 지나친 호객 행위 및 강매를 해서는 안 된다.
4. 고객의 취향을 존중한다.
5. 폐점 시간 직전, 폐점 후 서두르지 말고 잔류고객에게 더욱 친절하게 한다.
6. 개인적 업무 때문에 고객을 기다리게 해선 안 된다.
7. 외모로 고객을 판단해서는 안 된다.
8. 동료 간에도 예의를 지킨다. 직원 간의 무례가 지켜보는 고객에게 불쾌감을 줄 수도 있다.
9. 3대 부정어 사용을 근절한다.→ 없습니다. 모릅니다. 안 됩니다.(대신 죄송합니다.)

8 컴플레인 행동 강령

1) 먼저 사과한다.

"죄송합니다."

이 한마디는 불만고객 응대의 가장 중요한 포인트이다.

"미안합니다."

보다 한 단계 높은 사과의 표현인

"죄송합니다."

로 일단 유감의 뜻을 표한다.

2) 열심히 고객의 불만을 듣는다.

고객의 말을 끊지 않도록 주의하며 잘 듣고 불만의 문제를 파악하며 숨은 요인을 찾는다.

이때, 고객의 불만을 이해하고 함께 어려움을 걱정하고 있다는 인상을 심어주도록 한다.

직원이 진심으로 듣지 않는다면 고객은 더욱 강도 높게 불쾌감을 표현할 수도 있다.

3) 변명을 하지 않는다.

"고객은 항상 옳다.", "고객은 틀리는 법이 없다."

미국 노드스트롬 백화점

그러므로, 설령 고객이 잘못 알고 있거나 우리가 정당하다 할지라도 규정 등을 내세우며 변명하여 고객의 노여움을 사지 않는다.

4) 고객 관점의 어휘 사용으로 공감대를 형성한다.

"저희에게 솔직하게 말씀해 주셔서 감사합니다."

"상황에 대해 말씀해 주신 덕분에 저희가 필요한 조치를 할 수 있었습니다. 감사합니다."

"많이 속상하시겠습니다. 죄송합니다."

등의 말로 고객과의 대립의 상황이 아니라 문제 해결을 위한 고객의 입장에 서 있음을 느끼도록 한다.

5) 불만 고객은 정면보다 어깨를 나란히 마주하는 자세를 취한다.

화가 난 고객과 정면으로 대치하게 되면 도전적인 인상을 줄 수 있다. 나란히 서서 자연스럽게 고객의 편에서 상황을 보겠다는 마음을 고객에게 심어준다.

6) 천천히 침착한 목소리로 이야기한다.

톤을 낮춘 목소리는 침착한 분위기를 만들어 고객의 마음을 누그러뜨린다.

천천히 이야기하는 것은 신중하게 단어를 선택함으로써 실수를 줄이며 성실히 대응하는 이미지를 심어 줄 수 있다.

7) 문제가 어려울 경우 관리자가 해결을 돕도록 한다.

"책임자 불러와", "원장 바꿔" 등의 말을 들어 본 경험이 있는가? 많은 고객은 책임자와 문제 해결을 하고 싶어한다.

원칙적으로 문제는 당사자가 해결해야 하는 것이나 이런 경우에는 고객이 상사에게 불만사항을 두 번 반복하여 더욱 화나지 않도록 사전에 상사에게 고객의 불만내용을 가감 없이 객관적으로 전달하여 문제 해결을 돕도록 한다.

8) 장소를 바꾼다.

긴 시간이 요구된다는 판단이 서거나 다른 고객의 시선을 많이 집중시킬 시에는 정중히 "죄송하지만, 상담실에 가셔서 말씀해 주시겠습니까?" 등의 응대로 자연스럽게 고객을 다른 장소로 안내한다.

고객 상담실에서 차를 접대하며 화를 가라앉힐 시간을 준다. 고객은 상담실로 이동하고, 책임자의 사과를 받고, 차 한 잔 마시는 시간을 가지는 과정에서 화를 가라앉히고 해결의 실마리를 찾을 수도 있다.

9) 대안을 강구해 준다.

먼저, 고객에게 대안을 제시할 수 있도록 한다. 고객의 요구를 다 받아들이지 못할 경우 실현 가능한 최선의 대안을 제시해 준다. 이 경우에도 다시 한 번 고객에게 사과의 말을 한 후 고객과 적절한 합의를 도출한다.

10) 고객과 합의한 대안은 성실히 실천한다.

고객과의 약속은 성실히 이행한 후 이행 과정과 고객이 만족했는지에 대해 확인하는 절차가 필요하다.

전화를 드려서 설명하는 작은 정성에서 고객은 감동한다. 그리고, 향후 동일한 고객 불만이 발생하지 않도록 내부적인 대책을 논의한다.

10 살롱 유형별 컴플레인 실제 사례와 TIP

1 [유형] 살롱 자체 할인 및 프로모션 미준수

제목 : **"불쾌하고 화가나서 그냥 넘어갈 수가 없네요."**

내용

OO 미용실을 이용하였는데 기분이 상하고 불쾌하여 이렇게 글을 올립니다.

제가 처음 OO 미용실을 이용한건 0월 00일이었고, 커트를 하기 위해서 방문했습니다. 점장이라고 불리는 남자분께서 커트를 하셨고, 원래 가격 2만 원에서 자체 제휴 할인 카드 20%를 적용 받아서 16,000원 결제했습니다.

카드 승인시각은 21시 38분입니다.

그리고, 어제 커트를 하기 위해 방문했고 예약은 따로 하지 않았습니다. 그런데, 똑같이 점장이라 불렸던 분이 커트를 해주게 되었습니다. 마지막에 결제를 하는데 지난번과 똑같이 제휴 카드를 드렸더니 결제하시는 여자분이 점장님은 할인 적용이 안 된다면서 당연한걸 모른다는 듯한 말투로 얘기하시더군요.

그래서 저는 지난번에 왔을때는 해줬다고 말했습니다. 그분은 확인해보려고도 하지 않고 처음부터 그랬다고 한마디만 하고 가만히 있더군요.

무안하기도 하고 민망하기도 해서 일단 결제하고 나왔는데, 기분이 너무 상하고 불쾌하고 화가 나서 일요일 하루를 망쳤습니다.

도대체 무슨 기준으로 지난번에는 적용해주고 이번에는 안 해준 건가요? 지난번에는 착오가 있어서 적용을 해준거고 이번에는 안 해준 건가요?

또한, 적어도 점장님이라는 분한테 커트를 들어가기 전에 미리 얘기했어야 하는거 아닌가요? 저는 지난번에 방문했을때 회원 등록을 안 해놔서 조회 안한 상태로 커트를 했습니다.

다른 곳에서는 실장, 원장님께 머리하는 경우 미리 얘기를 해주잖아요?

그리고, OO 미용실은 서비스 교육은 하지 않나요? 지금까지 수많은 미용실을 다녔지만 이렇게 기분 상한 응대는 처음입니다.

TIP

내용으로 보아 카운터 매니저가 교체되었거나, 신규 입사 직원이 살롱 내부 자체 할인이나 프로모션 규정 내용을 모르고 있던 것으로 보인다.

기존 근무자가 퇴사할 경우 사직서와 인수인계서를 반드시 서면으로 받아야 하며, 신규 근무자의 업무에 차질이 없도록 해야 한다.

살롱 내부의 실정을 모르는 고객은 황당하고, 불쾌한 기분이 드는게 당연하다. 따라서, 살롱 과실을 인정하고, 사과한 뒤 차액만큼 환불해 주는 것이 좋다.

2 [유형] 예약 고객 약속 불이행과 방치

제목 : "예약을 받지나 말던가..."

내용

저녁 7시에 예약하고, 정확하게 7시에 OO 미용실에 도착했습니다.
카운터에서 말하길 제가 예약한 미용사분이 앞 손님 마무리가 조금 남았으니 잠시 만 기다려 달라고 하길래 기다렸습니다.
그런데, 제 차례는 오지 않고 그 미용사분은 다른 손님을 계속 받더군요.
한 시간 기다렸습니다.
급기야 카운터에 가서 얼마나 더 기다려야 하는 거냐고 하니, 그제서야 미용사분은 예약 고객이 있다는 것을 깨달은 모양이더군요.
기다리다 지쳐서 머리 안 자르고 그냥 나왔습니다.
물론, 사과도 못 받았죠. 다시는 OO 미용실을 가지 않을 예정입니다만 다른 고객들을 위해 예약 고객 관리 좀 제대로 하시죠.

TIP

예약 고객일수록 그 살롱에 대한 충성도가 높고, 재방문 고객일 확률이 높다.
따라서, 예약 고객이 정한 시간에 시술을 받을 수 없다거나 기다려야 할 경우 충성도가 높은 만큼 기분도 나빠지게 된다.
예약 고객과의 시간은 반드시 숙지하여 준수하되, 적어도 한 시간 전에는 유선 통화를 통하여 예약 시간을 재확인 하는 것이 좋다.

3 [유형] 스타일+시설 불만족

제목 : "너 미용사 맞니? 게다가 시설은 이게 뭐냐?"

내용

지난 주 토요일, OO 미용실에 가서 OO 디자이너에게 커트를 했습니다.
머리를 망쳐놓고, 스타일도 안 나오는데 기계적으로 회원가입을 하라고 하네요.
토요일처럼 더운 날, 에어컨도 안 틀고 후덥지근하게 들어가기도 싫게 해놓고
머리도 못 자르시고 화가 나서 미치는 줄 알았네.

TIP

스타일 불만족이 시설 불만족으로 옮겨가는 경우이다. 컴플레인 고객의 대부분은 1차적인 원인 제공에 분개하여, 대안이 없거나 고객이 원하는 대로의 해결책이 없으면 자연적으로 2차적인 컴플레인으로 이어지는 경우가 많다.

지금과 같은 사례도 결국 스타일 불만족에서 시설 불만족 그리고 다시는 내방하지 않는 경우로 이어지게 되었다.

시술 중간중간 고객과의 대화와 표정을 통해 고객이 원하는 스타일이 무엇인지를 찾는 과정 또한 중요하다.

4 [유형] 무리한 점판 제품 강요

제목 : "나 제품사러 온거 아니고 머리하러 왔어요."

내용

OO 미용실에서 머리하고 왔는데요. 저 머리 해주신 분 솔직히 실력있고 머리도 잘 나와서 만족은 해요. 근데 머리 다 하고 손질할 때 저한테 제품 권유 하시더라구요. 제품 판매가 본사 방침인지 디자이너 개인 권한인지 모르겠지만 좀 불편했습니다. 거절하기 난처해서 산단 말 없이 손질 받고 있었는데, 계산 시 당연한 듯이 꺼내서 건네 주시더라구요. 이건 따로 결제해야 한다면서...

머리 잘되고 기분 좋았다가 벙쪘습니다. 그리고 여기 카운터에 있는 여자분, 관리자분인 거 같던데 나갈 때 인사는 물론, 계산 과정까지 입 한번 안 열고 무성의 하더라구요. 손님 들어올 때만 친절하고... 스텝분들은 다 친절하고 좋았는데, 경력 좀 있는 사람들이 거만하다는 느낌을 받았네요.

그리고 그 제품! 인터넷 검색해보니 정가 13,000원짜리를 저한테 15,000원에 팔려고 하셨더라구요. 최저가는 6,000원이던데 심지어...

불편한 제품 판매, 적당히 했으면 하네요.

머리도 십몇만원 들었는데 제품으로 손님 후리는거 아닙니다.

TIP

최근 점판 제품 강요에 대한 고객 컴플레인 사례가 급증하고 있다. 미용 시술가와 더불어 고객에게는 심리적 압박과 금전적 부담이 아닐 수 없다.

물론, 담당 디자이너는 고객에게 적합한 홈 케어 제품을 추천한다고는 하지만, 화법이나 방법적인 부분에서 서툴게 되면 이는 고객에게 심리적 부담으로 작용한다.

점판을 반드시 상행위로만 볼 수 없지만, 고객에게 이 제품이 왜 필요한지, 어떤 특성이 있는지를 설명하고, 최종 선택은 고객이 판단하게 한다면 컴플레인이 아닌 고객 감동으로 이어질 수도 있는 중요한 포인트이다.

5 [유형] 접객 서비스 불만족

제목 : "고객을 대체 뭘로 보는거야~!"

상황

고객은 2012년부터 OO 미용실을 이용하였다고 하면서(커트 4번, 펌 1번) 나름 OO 미용실 단골 고객이라고 자부하고 있음

내용

간만에 기분 전환 겸 OO 미용실을 방문하였는데 첫 입장부터 반겨주는 직원이 아무도 없고, 인사를 하지 않더군요. 그러다 잠시 뒤 "어서오세요, 안녕하세요?"가 아니라 "뭐 하러 오셨어요?"라고 묻더군요. 어처구니가 없었지만, 시술 내내 참았습니다. 시술이 끝나고 머리를 감겨달라고 스텝을 지정하였으나, 디자이너와 스텝은 조를 이뤄 작업이 된다며, 최소한의 고객 요구를 묵살하였습니다.
마무리 후에도 직원들이 자리에 앉아 농담만 주고 받을 뿐 제대로 인사도 하지 않았습니다. 정말 직원들 모두 꼴도 보기 싫었고, 다시는 OO 미용실을 방문하지 않을 겁니다.

TIP

내용으로 보아 고객은 체인화된 유명 브랜드 살롱을 방문한 것으로 보인다. 컴플레인 내용 내내 어디에서도 시술에 대한 불만족은 찾아 볼 수 없다.
다만, 직원들의 인사성과 접객 태도에만 초점이 맞춰져 있다. 고객은 스타일 만족 이상을 원하는 서비스를 찾아 유명 브랜드 살롱을 방문하는 경우가 많다.
따라서, 기술뿐만 아니라 브랜드 네이밍에 걸맞는 전략적 접객 서비스가 반드시 선행되어야 하겠다.

6 [유형] 재시술 or 환불형

제목 : "내 머릿결 돌리도~"

내용

지난주 금요일 3월 1일 OO 미용실에서 파마를 했습니다. 파마 전 미용사와 상담 후에 영양 추가를 하면 모발 손상이 안 된다고 하여 영양 추가를 동의하였습니다.

그런데, 파마가 끝나고 머리를 다 말리지 않고 윗부분만 말리고 가라고 하더군요. 그냥 그런가 보다 하고 별 의심없이 퇴실하였는데 시간이 지나고 머리가 마르면서 오른쪽 앞부분 머리카락이 탄 것을 발견하였습니다.

컬도 생각대로 안 나와서 속상하긴 했지만, 그건 그렇다 치고 미용사 말만 믿고, 영양도 추가했는데도 불구하고 머릿결이 손상되서 화가 났습니다. A/S에 대한 대안과 보상을 원합니다.

살롱 측 답변

고객님~ 머릿결이 손상되어 속상하시겠습니다.

펌이나 염색은 아무리 좋은 약품을 사용해서 보완을 해도 일단은 머릿결에 데미지가 생깁니다. 기본 영양과 수분이 부족할수록 손상도는 높아집니다만 조금이나마 줄여보기 위하여 영양을 보충하는 것이지 완벽하게 손상을 차단할 수는 없습니다.

물론, 디자이너의 기술력도 영향을 끼칩니다. 그리고 사후 관리도 중요하구요. 그래서 어느 미용실이든 일주일 이내에 방문하시어 상담을 받으시면 경우에 따라서 클리닉 시술과 케어 어드바이스를 받으실 수 있을 것입니다.

매장으로 다시 방문하시어 담당 선생님께 문의해 주시기 바랍니다.

TiP

살롱 측 답변에 몇 가지 오류가 발견된다. 첫째로 미용사는 고객의 아름다움을 연출하는 스타일리스트이지 약사 면허를 발급받은 약사가 아니다. 따라서, 약품이란 표현은 적절하지 않다. 미용사는 제품을 쓰는 것이지, 절대 약을 취급하는 사람이 아님을 명심하자.

두 번째로 살롱 측의 과실을 디자이너의 기술력 차이라고 설명하며 100% 인정하고 있는 꼴이다.

마지막으로 재방문해 줄 것을 요구하지만 재방문에 대한 시간이 정확히 기재되어 있지 않아 해결책은 없이 결국 고객만 화나게 하는 2차 컴플레인으로 이어지고 말았다.

7 [유형] 보상 지연 및 회피형

제목 : "어리다고 놀리지 말아요. 지친다 지쳐"

내용

제가 오늘 엄마를 모시고 같이 OO 미용실에서 디지털 파마를 시술받았습니다.
3년간 다닌 곳이라 여느 때와 다름없이 담당 선생님께 상담을 받았구요. 담당 언니께서 머리가 조금 상했고 파마를 하게 되면 더 상할테니 끝을 정말 조금만 다듬고 영양을 넣으라 하시며 4만원짜리 영양을 5만원처럼 넣어주시겠다고 하셨어요.
그래서, 4만 원짜리 영양도 받고 13만 원에 파마를 했습니다.
낮 12시에 OO 미용실에 도착해서 사람이 많다는 이유로 끝이 나니 거의 정각 5시였구요. 아침도 안 먹고 갔고, 파마 하나 하는데 5시간 동안 미용실에 있는게 지쳤고 담당 언니가 컬을 잘 살려 말리면 잘 나올거라 해서 언니가 해준대로 끝나자마자 밥을 먹으러 부랴부랴 나왔습니다.
그런데, 음식점에 가서 거울을 보니 머리가 여느 때와 달랐습니다.
이곳에서 파마를 한두 번 해보는 것도 아니고, 제 친구들 모두 다같이 그곳만 3년째 다녀서 저희 이름도 얼굴도 다 외우고 계시거든요.
그런데, 기장도 잘라내고 영양까지 넣은 머리가 만지면 꺼끌꺼끌하고 속머리는 컬이 말려있지도 않고 생머리 수준에 제일 중요한건 옆머리 밑부분이 다 녹은 것처럼 되어 있었습니다.
자세히 보니 기장도 꽤 잘라낸 머리가 끝이 갈라져 있고 끊어지고, 다 엉켜있고, 머리 탔을 때 엉키는 것과 비슷하고 고데기로 머리를 여러 번 계속 말면 머리가 빗자루 처럼 되는거 있죠. 옆머리가 모두 그랬습니다.
특정 컬은 이게 더 심했구요. 이상하게 여겨서 친구들을 만나 물어보니 친구들 다 놀라더군요.
머리 고데기로 다 지져놓은 것 같다고... 그리고, 옆머리뿐만 아니라 뒷머리까지 모두 이 상태라고...

제가 시술하기 전에 얘기했거든요.

'컬이 조금 덜 나와도 굵게 해줬으면 좋겠다. 그냥 생머리에 머릴 묶고 다니면 말총머리 같아서 파마를 하는 것이니 바라는건 머릿결이 상하지 않는 것이다. 그리고, 정말 머리는 기르고 싶다.'

머릿결 상하지 않게 해준다고 자르고 싶지 않은 머리 기장도 잘랐고, 영양도 비싼 돈 줘가며 넣었습니다.

근데, 태어나서 생전 가져보지도 못한 머리예요. 지금 머리가 탄 건지 녹은 건지 머리끝이 다 꼬불꼬불 말리고 난리가 났어요.

이거 다 잘라내면 저 숏 단발입니다.

작년 3월에 머릿결 위해 단발로 자르고 1년 동안 기른 머린데 지금 다시 남자처럼 잘라내게 생겼네요.

친구들도 이건 아니다라며 어떤 대책을 세워 보자며 바로 다시 미용실로 갔습니다. 시각은 9시 되기 좀 전이었구요.

친구하고도 아무리 속상해도 우리도 예의를 지키자 하고 갔습니다.

먼저 가서 매니저님께 아까 파마를 했는데 머리가 너무 상했다고 말씀드렸더니 매니저님께서 담당 선생님을 부를테니 기다리라고 해서 기다리고 있었는데 10분, 15분이 지나도 오시지 않길래 예의 갖추며 얼마나 더 기다려야 하냐고 여쭈어보니 다른 손님 머리 해주시고 계시니까 좀 더 기다리라고 너무 퉁명스럽게 말씀하셔서 거기서부터 기분이 상했습니다.

일단 계속 기다렸어요. 그러다 담당 언니가 왔고 언니께서 머리를 다시 감고 말려보자고 하더군요.

우선 그렇게 해보자고 했습니다. 그런데 또 10분이 지나도 저희는 뒷전이더군요.

계속 기다리다가 언니가 오셔서 다시 말씀드렸습니다.

옆이고 뒤고 속 머리가 모두 하나도 말려있지도 않고 풀린 것까진 괜찮다 애초에 난 언니한테 머리를 묶고 다닐테니 상하지만 않게 해달라고 했고 그래서 언니는 기장도 자르고 영양도 넣으라고 했는데 지금 머리는 너무 심각하다.

머리를 감는다고 될 문제도 아닌 것 같다고 말씀드렸더니 매니저님께서 이건 상한 것도 아니고 디지털 파마는 머리가 탈 수가 없대요.

그리고, 담당 언니는 머리를 잘못 드라이해서 그런거니 다시 감고 드라이를 해보재요. 언니가 머리 말릴 때 머리를 구긴 것 같다면서 다시 하재요.

그래서 저는 머리를 잘못 드라이해서 이 정도의 머릿결이 나온다면 내가 집에서 머리를 잘못 말려도 머리가 이렇게 된다는 건데 애초에 언니는 파마를 할 때 머리를 돌려 말리지 않아도 머리 그냥 탁탁 털어 말릴 수 있도록 파마를 해준다고 하셨는데 지금 머리는 언니 말대로라면 머리를 계속 만지며 드라이해야 한다.

머리가 상한 건 물을 다 묻히면 당연히 머릿결이 괜찮아 보이는 거고 말리면 똑같은데 그럴 필요가 있냐고 얘기 드렸고 그래도 해보재서 분무기로 머리 다 적시고 다시 말렸어요.

그런데도 머릿결은 정말 당연히 그대로더군요.

매니저님이 그러셨어요 디지털파마로 머리가 탈 수도 없고, 제 머리가 원래 손상돼 있어서 어느 정도 머리가 손상된 거라고...

그런데 담당 언니는 또 다시 말리고도 머리가 똑같으니까 파마하고 머리 밑에 다 상한거 인정한다고 미안하다고 하시더군요.

3년 동안 언니한테 항상 머리 받아서 저도 언니 잘못만은 아니라고 단지 1년 동안 길렀고 자꾸 고데기하고 머리 더 상하기 싫어서 아예 파마를 결정한 건데 머리가 다 이렇게 되니 속상한거다 말씀드렸더니 그럼 머리를 자르는걸로 보상을 해주겠대요.

이상한 점이 열처리 하는걸 엄마는 기계를 한 번 눌렀다 꼈는데 저는 이 사람 저 사람 돌아다니면서 3번이나 반복했거든요?

잘은 모르겠지만 그 과정에서 머리가 손상된 것 같은데 어쨌든 담당 언니도 머리가 손상된 걸 인정했고 전 태어나서 처음 이런 머릿결을 가졌는데 손상된 부분을 잘라내야 한다고 머리를 공짜로 잘라내는게 보상인가요?

어이가 없어서 영양값 바라지도 않는다고 파마값도 전액 바라지도 않으니 어느 정도의 파마값만 보상해 달라했더니 환불은 절대 안되고 조금의 환불도 무조건 안 된대요

환불이 규정상 안 된다길래 아 그렇구나 하려는 순간 또 한다는 말이 우리가 손상된 머리 잘라주고 그럼 클리닉도 1번 해주겠다는데 우리가 보상한다고 하고 있는데 왜 돈을 요구하냐고 하더라구요.

그러면서 어쨌든 자신은 매니저일 뿐이고 사장은 따로 있어서 자기에겐 권한이 없대요.

사장님께 전화를 했어요.

다른 미용실도 운영하시나 보더라구요. 제 친구가 처음에 전화해서 사정을 말씀드

리니까 하시는 말씀이 똑같더라구요. 우린 머리 잘라주고 클리닉 해주겠다는데 합당하지 않다면서 제 친구에게 학생이세요? 이렇게 묻더니 그럼 곧 취업하시겠네 그쪽이 취업 했는데 그쪽 같이 말도 안 되게 환불 요구하는 손님 오면 안 짜증나겠냐고 하더군요.

아~ 진짜 할 말이 없습니다.

저희 매장에서 큰소리 한 번 안냈구요.

정말 거의 울상으로 얘기 나눴는데 그 소리 들으니까 저희도 더 그렇게 할 필요가 없다는 생각이 들어서 제가 다시 전화해서 이러이러한 사정이 있었고 머리가 상해서 잘라내야 한다고 인정을 하셨다.

파마를 했는데 다시 잘라내는 경우가 어딨고 이게 무슨 보상이냐 말씀드렸더니 그럼 OO 헤어 제품이 더 좋으니까 OO 미용실로 오래요.

그래서 지금 OO 미용실에서도 기다려라 기다려라해서 1시간 반을 여기서 기다리고 있는데 또 다른 미용실로 오라는거냐 했더니 그럼 자기가 오냐고 합니다.

그러면서 또 지금 오지 말고 내일 오래요.

저희집에서 OO 미용실까지 버스타고 25분입니다. 제가 학원도 들어가야 해서 시간이 없다니까 그럼 지금 직원들 다 퇴근할건데 자기가 혼자 그쪽 때문에 매장에 남아서 그쪽만 봐줘야 하냐고 하네요.

아~ 진짜 더 이상 정말 아무 말도 나오지 않아서 친구랑 터덜터덜 나왔습니다.

과연 어른들하고 갔어도 그런식으로 하셨을까 싶네요. 정말 너무너무 실망했어요.

13만 원 주고 영양까지 받고 기쁜 마음으로 멀리까지 가서 머리했는데 돌아온 건 빗자루 같은 머리와 그런 어이없는 말들 뿐이네요.

또 그쪽 팀들끼린 사전에 미리 머리가 상할 수 있다고 주의를 줬다.

심지어 제 머리가 원래 손상이 너무 심했다. 기장 많이 자른 것도 아니다 라면서 정당화 하더군요.

저한테 전·후 사진도 다 있구요. 기장도 꽤 자르고 머릿결? 이번에 파마할 때보다 상했어도 이렇게 빗자루 같은 머리 나와본 적 한 번도 없습니다.

진짜 너무너무 속상하네요.

전액 환불을 바란것도 아니고 애초에 매니저님이라던지 사장님이라던지 사과 하시고 어쩔 수 없으니 좀 잘라내고 케어라도 받으라고 하셨으면 그냥 그렇게 끝날 일을...

도대체 뭘 바라냐고 묻고 말투도 퉁명스럽고 정말 그렇게 말씀하시니까 이 집에선 케어고 뭐고 받기 싫었고 케어 한 번도 정말 인심쓰듯이 받으라고 하는데 어떤 사람이 받고 싶겠습니까?
주위 친구들 다 OO 미용실 다녔고 인지도도 정말 좋았는데 이번 일은 정말 아닌 것 같네요. 그냥 저희만 말도 안 되는 일로 우기는 진상 손님이 되고 끝났네요.
더 이상 발디디고 싶지도 않고 그 집에서 머리 절대 맡기고 싶지도 않아요.
정말 이 머리 다 잘라낼 생각하면 너무 분하고 속상해서 이렇게 보냅니다.
보상 같은거 필요도 없어요.
그냥 정말 억울해서 남깁니다. 최소한 저같은 분만 다신 없으셨으면 좋겠네요.

TIP

내용을 끝까지 읽어 보신 분들이라면 고객이 얼마나 화가 났는지 알 수 있을 것이다. 그러면서도 이 학생은 3년여에 걸친 디자이너의 신뢰는 물론, 예의를 저버리지 않는다.
일본 노트북의 선두 자리를 놓치지 않았던 '도시바'의 컴플레인이 생각난다.
당시 골리앗이라고 불렸던 거대 기업 도시바는 결국 한 청소년의 A/S 컴플레인이 화근이 되어 일본 전역으로 불매 운동이 확산되었고, 결국 도산하고 말았다.
고객은 나이를 떠나 존중받을 권리가 있다. 어리다고 고객을 방치하거나 고객의 요구를 회피하는 처사는 절대 용납될 수 없는 행동이다.
지금이라도 고객에게 사과하고, 합당한 응대를 한다면 컴플레인 고객에서 우량 고객으로 전환될 수 있는 또다른 계기가 마련될 것이다.

8 [유형] 불성실한 마무리로 인한 불쾌감 증대

제목 : "손님 많다고 이렇게 대충대충 해도 되는거야?"

상황

고객 익명 요청

내용

평소에 OO 미용실을 자주 이용하는 사람입니다.

OO헤어 OO점을 주로 이용하다가 이번에 경기도 OO점으로 갔는데 이런 미용실은 처음이네요.

일요일이라 사람이 좀 있었습니다.(주말 OO점에 비하면 새발의 피 정도로....)

남자 소프트 모히칸 컷을 주문했고(남자 컷 중에서는 쉬운 머리에 속하는 것으로 웬만한 미용사분들이 다들 잘해주시는 스타일로 알고 있습니다.)

미용사가 머리를 깎는데 뒤에 손님이 기다린다는 사실을 알자 갑자기 머리를 깎는 손이 빨라지기 시작했습니다.

손님이 기다리고 있으니 빨리 깎을 수 있습니다. 당연하죠? 사업인데 손님 많이 받아야 하지 않겠어요?

그런데, 서비스는 똑바로 해주고서 속도를 높여야 하는것 아닐까요?

그냥 대충 쓱싹쓱싹 하고 거울로 머리 뒤쪽을 보여주고는 옆 자리로 휙 가서 다른 사람의 머리를 깎기 시작합니다.

저는 됐다고 하지도 않았는데요. 이리저리 머리를 거울에 돌려보고 확인 중이었습니다.

어이가 없어서 벙쪄 있는데 미용 보조가 보더니 자기도 무안했는지 머리 감으러 가자더라구요.

옆에 보조분이 친절해서 일단 한 번 참고 머리감고 왔습니다. 머리를 감고 보조가 말리면서 찬찬히 보니 주문했던 것하고 조금 다른 스타일이었습니다.(충분히 이해할 수 있습니다.)
그래서, 다른 분 깎느라 저쪽에 가있던 미용사분을 다시 불러 앞머리 손질을 부탁했고 후다닥 뛰어오더니 앞머리를 깎습니다.
안 물어 보고요. 그래서 저는 '아, 자기도 보니 좀 이상한걸 알았나 보구나 아까 처음에 머리 깎을 때 주문했던걸 기억하나 보다'라고 생각했고 가만히 있었습니다.
그런데, 웬걸.. 저는 가운데로 모아서 올리려는 생각을 처음에 말씀드렸는데 자기 혼자 2 : 8 가르마를 타더니 앞머리를 이상하게 깎아놓고 다시 또 휙~
미용실에서 어지간하면 미용사의 선택을 존중하고 이런 글 한 번 써 본적 없는데 난생 처음 기분이 너무 나빠 이렇게 글을 씁니다.
OO미용실 OO점 미용사 서비스 교육 제발 다시 한 번 시켜주시길 바랍니다.

TIP

한 명의 고객이라도 정성을 다해야 하고, 한 명의 고객은 다른 고객을 불러 모을 수 있는 다른 어느 마케팅보다 소중한 요소이다.
고객이 몰린다고 고객의 스타일을 끝까지 마무리하지 않거나 불성실하게 대한다면 결코 그 매장에 대해 좋게 얘기할 고객은 아무도 없을 것이다.
또한, 사람은 보통 비슷한 다른 대상과 비교 우위의 경쟁서 분석하게 되므로 실망감 또한 깊어지고, 체인점의 경우 브랜드 전체를 불신할 수도 있다.
한 명의 고객을 잘 마무리해서 기분 좋게 응대한다면 시간이 다소 지연된다고 할지라도 다음 시술을 기다리는 또 다른 고객의 신뢰를 높일 수 있다.

memo

2

소비자 심리 마케팅

미용 상담 심리 마케팅

1 광고와 소비자 심리 마케팅

1 광고와 소비자 심리

① 광고란? "광고주의 주장을 '매체'를 통해 소비자의 '마음'에 소구하는 것"

② 모든 커뮤니케이션은 설득 커뮤니케이션(Persuasive Communication)이라고 부를 수 있으며, 그 중에서도 '광고'와 '마케팅'은 설득의 가장 두드러진 형태로 나타난다.

③ 혁신적인 뉴미디어의 등장과 한층 복잡해진 소비자의 정보처리 패턴은 커뮤니케이션의 패러다임을 바꾸고 있다.

④ 광고의 카피나 일러스트는 물론 광고와 마케팅의 모든 요소는 소비자의 마음을 사로잡도록 해야 할 필요가 있으며, 보다 효과적인 광고 마케팅을 위해서는 무엇보다 인간의 '심리'를 제대로 이해할 필요가 있다.

⑤ 심리학적인 지식이 광고에 사용되어야 한다는 주장을 가장 먼저 한 연구자는 스코트(Scott, W.D.)로 광고에 심리학적인 지식을 적용하면 광고 효과가 배로 증가한다고 제시하여 업계에 반향을 일으킨 바 있다.

2 AIDMA Model

① 소비자가 제품을 구매하는 과정의 심리 변화를 이니셜로 풀어서 설명

② 소비자의 구매 행동은 단순히 한 가지 측면에 의해서만 이루어지는 것이 아니기 때문에 언제, 왜, 어떻게 그리고 어디서 소비자들이 구매를 하거나 하지 않는지에 대해 주목할 필요가 있다.

③ 소비자의 구매나 구매의사 결정시의 과정과 패턴을 이해해야 하며, 여러 브랜드와 상품 사이에서 이를 어떻게 생각하고 느끼는지를 파악해야 하며, 제한된 정보가 어떻게 의사결정이나 마케팅 결과에 영향을 주는지를 이해해야 한다.
또한 소비자의 의사결정 과정이 상품의 객관적인 중요성과 주관적인 흥미차원에서 어떻게 다른지를 복합적으로 이해할 필요가 있다.
즉, 마케터들은 소비자들에게 어떻게 하면 더 효과적으로 접근하고 개선할 수 있을지 파악해야 한다.

④ 소비자는 상품을 구매하기까지 여러 가지 심리적인 변화의 단계를 경험하게 되는데, 이를 잘 설명하는 것이 아래의 AIDMA 모델이다.

Attention (주의) → Interest (흥미) → Desire (욕구) → Memory (기억) → Action (행동)

3 'Attention' 단계에 적용할 수 있는 소비자 심리 이론 선정 배경

'Attention' 단계에서는 소비자들이 특정 상품이나 서비스를 파악하고 이목을 집중할 수 있도록 하는 것이 중요하다. 그러므로 다양한 방법을 통해 소비자와의 접근성을 높이고 관심을 갖게끔 만들어야 한다.

이에 따라 어떤 사람의 수요가 다른 사람의 수요에 영향을 받는 '밴드웨건 효과(Bandwagon Effect)', 두 상품 사이의 차이점을 인식하여 구매 결정에 영향을 미치는 '대조효과(Contrast Effect)', 평가 대상의 일부를 가지고 전체를 평가하는 '후광효과(Halo Effect)'가 광고/마케팅에서 어떻게 적용되고 있는지 사례를 통해 살펴보도록 하자.

심리이론	내용	사례
밴드 웨건 효과 (Bandwagon Effect)	• 유행에 따라 상품을 구입하는 소비현상을 뜻하는 경제 용어 • 특정 상품에 대한 어떤 사람의 수요가 다른 사람들의 수요에 의해 영향을 받는 현상을 이용한 심리 마케팅 • 충동구매를 유도하는 마케팅 활동이나, 차별화를 통해 후발주자가 선두업체를 누르고 1등 기업으로 도약하는 방법 등으로 활용되고 있음	드라마 속 PPL전략 (Product in PLace)
대조효과 (Contrast Effect)	• 고가의 상품을 먼저 본 후 더 저렴한 상품을 보았을 때 보통 때 같으면 사지 않았을 상품에 손이 가는 심리 현상 • 차례로 제시된 두 사물 사이의 차이점을 인식하여, 앞뒤 상황에 따라 결정에 영향을 미치는 것 • 가장 비싼 물건부터 차례로 보여주면서 매출을 극대화하는 심리 전략임	• 회원 등급을 비교하는 홈페이지 • 극적인 영상물을 제시하는 보험 광고
후광효과 (Halo Effect)	사람이나 사물 등 일정한 대상을 평가할 때 그 대상의 본질과 관계가 없는 것으로 그 대상을 평가한다든지, 평가대상의 극히 일부의 특징을 가지고 전체를 평가할 때 나타나는 효과	• 프로젝션 맵핑에 의한 대규모 연출 • 인터렉티브 게임 자판기 • 홍보용 게임 어플리케이션

4 'Interest' 단계에 적용할 수 있는 소비자 심리 이론 선정 배경

'Interest' 단계에서는 소비자들이 제품이나 서비스에 흥미나 관심을 갖게 되는데, Attention 단계에서 생기는 서비스 파악과 더불어, 구매 욕망이 생기기 바로 전 단계의 심리 상태이다. 소비자들의 관심이나 흥미를 끌기 위해서는 단순한 호기심이 아닌 소비자들에게 만족감을 제시하고 이들을 자연스럽게 유인할 수 있는 다양한 마케팅이 필요하다.

소비자에게 선행의 만족감을 주는 '코즈 마케팅(Cause Marketing)', 초기에 얻은 정보를 바탕으로 이미지가 형성되는 '초두효과(Primacy Effect)', 소비자를 다른 상품으로 계속 유인하는 '텐션리덕션(Tension Reduction)'이 광고/마케팅에서 어떻게 적용되고 있는지 사례를 통해 살펴보도록 하자.

심리이론	내용	사례
코즈 마케팅 (Cause Marketing)	• 기업과 사회적인 이슈 또는 비영리 단체가 상호이익을 위해 연계하는 것 • 기업의 사회공헌과 유사하지만 목적에서 다소 차이가 있음 • 서로 가치있는 이익 추구를 통해 선행의 만족감을 주는 심리 마케팅	• 벤앤제리스(Ben & Jerry's)의 공정 무역 • 바코드롭(BARCODROP) 캠페인 • 탐스슈즈(TOMS Shoes) • Coca Cola & WWF • 애플리케이션을 통한 공익 캠페인
초두효과 (Primacy Effect)	• 처음 제시된 정보가 나중에 제시된 정보보다 기억에 더 큰 영향을 주는 현상임 • 즉, 사람 혹은 사물에 대한 이미지 형성이 초기에 얻은 정보를 바탕으로 일어난다는 심리 현상임 • 온라인 쇼핑몰 홈페이지의 경우 첫 화면에서 세일에 대한 명확한 정보를 제공하여 고객을 유인하기도 함.	카달로그형 확장 배너
텐션 리덕션 (Tension Reduction)	• 계속해서 긴장하는 상황이 이어질 때 심리적으로 무방비 상태가 되어버리는 현상 • 상품을 산 후 다른 상품을 권하는 방법으로 고객을 유인함.	교차판매에 성공을 거둔 시어스

5 'Desire' 단계에 적용할 수 있는 소비자 심리 이론 선정 배경

'Desire'는 소비자들에게 제품이나 서비스를 구입하고 싶어하는 잠재 의식이 존재하는 단계이다. 이 단계에서는 소비자들의 구매 욕망을 불러일으킬 수 있도록 소비자의 오감을 만족시킬 수 있는 전략이 필요하다. 소비자들을 자연스럽게 유인하는 '샤워효과(Shower Effect)', 각종 자극으로 흥분상태에 이르게 하는 '동조현상(Confirmity Phenomenon)', 부족한 수량으로 소비자의 마음을 움직이게 하는 '희소성의 법칙(Law of scarcity)'이 광고/마케팅에서 어떻게 적용되고 있는지 사례를 통해 살펴보도록 하자.

심리이론	내용	사례
샤워효과 (Shower Effect)	• 백화점의 위층으로 고객들을 모이게 한 후 이들이 아래층 매장으로 내려오면서 물건을 사도록 유도하는 전략에서 유래 • 위층에 소비자들을 유인할 수 있는 상품을 배치해 위층의 고객 집객 효과가 아래층까지 영향을 미쳐 백화점 전체의 매출이 상승하는 효과 • 요즘 대형 쇼핑몰들은 대부분 영화관을 맨 위층에 배치시킴으로써 영화가 끝난 후 사람들이 한꺼번에 엘리베이터를 이용하지 못해 에스컬레이터를 타고 내려오도록 하여 다른 층의 매장들로 자연스럽게 유도함.	• 월마트(Wal-Mart)의 '부두(VUDU)' 인수 • 백화점의 꼭대기에 위치한 옥상공원
동조현상 (Confirmity Phenomenon)	관광 명소의 인파에 따라 정신이 흥분 상태에 이르게 될 때 그와 같은 심리가 구입을 촉진하게 된다는 심리 현상	• 가상 레이싱을 직·간접적으로 체험 • 아트 인스톨레이션 윈도우 디스플레이
희소성의 법칙 (Law of scarcity)	• 욕구에 비해 충족할 수 있는 재화(상품, 서비스)가 상대적으로 부족한 상태가 지속적으로 나타나는 현상 • 희소성은 사람의 마음을 움직이게 하고, 가격도 움직이며, 구매의 우선 순위도 바꾸어 놓음. • 그렇기 때문에 제조업자는 희소성 있는 고급 상품을 만들기 위해 애쓰고, 소비자들은 남들이 갖지 못하는 단 하나만의 특별한 상품을 소유하고자 함.	• 한정판 제품 판매 • 선착순 경품 증정 이벤트 참여 유도

6 'Memory' 단계에 적용할 수 있는 소비자 심리 이론 선정 배경

'Memory'는 소비자들이 무엇인가를 계기로 제품이나 서비스를 구입하기 위해 기억해내는 단계이다.

소비자들의 잠재의식 속에 있는 구매의도를 끄집어내기 위한 계기를 만들어주는 것이 중요한데, 비교 광고를 통해 상품의 변화나 새로운 구매를 촉진시키는 '샤르팡티에 효과(Charpentier Effect)', 소비자와의 접촉 횟수를 증가시켜 제품 및 서비스에 대한 호의를 올리게끔 하는 '자이언스 효과(Zajons Effect)', 원가보다 싸게 혹은 시중가보다 저렴하게 팔아 심리적인 장벽을 무너뜨리는 '미끼효과'가 광고/마케팅에서 어떻게 적용되고 있는지 사례를 통해 살펴보도록 하자.

심리이론	내용	사례
샤르팡티에 효과 (Charpentier Effect)	• 같은 무게를 가진 물체 중 크기가 더 큰 쪽이 가볍다고 느껴지는 심리현상 • 상품에 변화가 있거나, 새로운 버전으로 업데이트를 했다면 어디가 어떻게 달라졌는지를 보여주는 데 있어 매우 좋은 수단으로 사용 • 비교 테크닉을 이용해 상품에 적용시켜 기존 고객의 새로운 구매를 촉진하거나, 신규고객을 유입시킬 수 있는 심리 마케팅	• Avis(에이비스)의 'NO.2 전략' • 자동차 회사의 '비교광고' • 미샤의 비교품평 캠페인
자이언스 효과 (Zajons Effect)	접촉 횟수가 증가함에 따라 친근감이나 호의가 올라가는 심리현상	• 다양한 유입경로를 확보하는 캠페인 • 브랜드 플래그십 스토어의 디지털 OOH
미끼효과 (Bait Effect)	• 사전에 제시된 특가품에 따라 구매를 결정하는 심리적인 장벽이 무너지는 현상 • 미끼가 되는 특가품을 설정하는 일은 '처음에는 손해를 보더라도 이를 바탕으로 더 큰 이익을 얻는' 것이 아니라, '손해도 보지 않고 이익을 얻는 전략'임. • 원가보다 싸게 팔거나 시중가보다 저렴한 가격에 파는 상품	• 미니게임을 통해 할인 쿠폰을 지급 • '통큰'이라는 말을 유행시킨 롯데마트 • IMC 전략을 통한 메시지 전달

7 'Action' 단계에 적용할 수 있는 소비자 심리 이론 선정 배경

'Action'은 해당 제품이나 서비스를 기억해내어 구입하는 것으로, 소비자 구매행동의 마지막 단계이다.

특정한 계기가 있으면 그것을 기억해내어 구매행동으로 옮기는 과정이므로, 자극을 통해 구매로 이끌어내는 것이 가장 중요하다.

다양한 상품들이 즐비한 곳에서 특정 제품을 떠올릴 수 있도록 하는 '상기집합(Considerate Set)', 자극적인 수치를 사용하여 강한 정보를 주는 '리플레밍 효과', 옥외 디지털 및 게이트 비전 등을 통해 주목도를 확보하는 '에스컬레이터 효과(Escalator Effect)', 무료 샘플이나 경품 등으로 받았던 상품을 떠올려 그 브랜드의 제품이나 서비스를 구입하게 하는 '상호성의 법칙'이 광고/마케팅에서 어떻게 적용되고 있는지 사례를 통해 살펴보도록 하자.

심리이론	내용	사례
상기집합 (Considerate Set)	• 소비자가 특정분야나 영역에서 떠올리는 상품을 가리킴 • 상기집합에 포함되지 못한 상품은 다양한 종류의 상품들이 즐비한 백화점이나 슈퍼마켓에서는 팔리기 어려움	• Harry's Bar 프로모션 • 대형 포털 활용 및 주목도 높은 지면 활용 • 인터렉티브 디지털 OOH 캠페인
리플레밍 효과	같은 수치라 하더라도 사람에 따라 받아들이는 방식이 달라지는 심리 현상	소셜쇼핑 사이트의 가격정보
에스컬레이터 효과 (Escalator Effect)	정지된 에스컬레이터에 발을 내딛는 순간, 정지한 상태임을 알고는 있어도 몸이 앞으로 기우는 것 같다거나 아니면 발이 무거워진 듯한 느낌을 받는 심리 현상	• 동영상을 이용하여 주목도를 확보 • 게이트 비전 광고 • 변신하는 옥외 디지털 캠페인
상호성의 법칙	• 작은 것이라도 다른 사람이 호의를 베풀면 이를 그대로 갚아야 한다는 의무감이 생김 • 남에게 받은 호의는 결코 공짜가 아니라 미래에 갚아야 할 빚이라고 생각하게 함.	• APP 다운로드 유도 및 경품 지급 이벤트 • 무료 테스트 샘플 제공 이벤트 • 체험단 이벤트 참여 캠페인

7 국가별 뷰티 산업 시장과 전망

미 국

1 미국, 헤어 케어 시장 전망

① 2016년 시장규모 105억 달러 예상, 고가 헤어 제품 수요 높을 것으로 예상

② 미국 헤어 케어 시장은 2006년부터 2011년까지 지난 5년간 미국 경기 불황으로 연평균 3%의 마이너스 성장을 해왔으나 경기 회복이 진행됨에 따라 회복되고 있어 2016년까지 105억 달러의 시장규모로 성장할 전망

③ 미국 헤어 케어 시장을 이끌게 될 소비자 성향은 개인주의, 감각적 기대, 건강함과 웰빙, 인구 노화, 경제적 번영으로 나타남

④ 개성 표출이 가능한 염색 제품, 모발 보호 제품, 고가 헤어 케어 제품 등의 수요가 많아질 것으로 보임

⑤ 美, 헤어 케어 시장은 경기 불황 이전 수준으로 회복할 것으로 예상

⑥ 시장 조사 기업 Compaines & Markets에 따르면 글로벌 경제위기와 미 금융위기로 인해 소비자들이 불필요한 지출을 줄이고 값비싼 제품의 구입을 줄이면서 미국 헤어 케어 시장이 타격을 받음

⑦ Companies & Markets은 향후 미 헤어 케어 시장은 미국의 경기회복과 함께 2016년까지 연평균 1% 성장을 지속해 2016년에는 105억 달러 규모를 달성할 것으로 전망

⑧ 소비자 1인당 헤어 케어 제품 구입액도 2016년에는 경제위기 이전 수준인 34달러 이상으로 회복될 것

2 미국, 헤어 케어 시장을 선도할 5가지 소비자 성향

1) 개인주의(Individualism)

① 소비자들은 각자의 헤어 타입에 따른 관리와 더불어 개성을 표출하기 원하기 때문에 나만을 위한 맞춤형 제품을 사용하기 원함

② 최근 출시되는 헤어케어 제품은 건조한 모발, 가는 모발, 웨이브 모발, 염색 모발, 손상 모발 등 타입에 따라 세분화되는 경향

③ 헤어 염색은 개성, 패션을 드러내는 수단으로 인식되면서 25세 이상 미국인 여성의 50% 이상이 헤어 염색을 하는 등 매우 빠르게 성장하고 있음

④ 염색, 헤어 아이언 등 모발 손상을 일으키는 스타일링이 많아지면서 실리콘 등의 성분이 들어가 모발을 보호하는 제품 수요가 증가함

2) 감각적 기대(Sensory Expectations)

① 소비자들은 Pleasure(기분 좋음), Intensity(강력한), Delight(즐거운), Pampered feel(대접받은 기분) 등의 표현이 사용된 제품을 사용

② 감각적인 보상을 얻기 원함

③ 요즘 프리미엄 헤어 브랜드에서 가장 많이 사용되는 용어는 'moisturizing(촉촉한)'으로 건강해 보이는 헤어, 손상 모발에 좋은 헤어 케어의 느낌을 주기 때문에 선호

3) 건강함과 웰빙(Health and well-being)

① 소비자들은 건강하고 생명력 있는 삶의 자세를 보여 줄 수 있는 헤어 제품을 찾기 원함

② 헤어는 첫인상을 보여주는 요소 중 하나로 까칠한 머릿결은 게으르고 건강하지 않은 이미지를 줌

③ 빛나는 머릿결은 건강함의 상징으로 실리콘 성분 함유 제품의 수요가 높아질 것으로 예상

4) 인구 노화(Aging population)

① 나이가 많은 소비자들은 모발이 가늘어지고 볼륨을 잃어가며 새치 증가, 건조함 등이 가장 고민거리

② 소비자들은 건강해 보이고 가벼우면서 볼륨을 살려주는 헤어 제품을 원함

5) 경제적 번영(Rising prosperity)

① 성숙한 경제일수록 헤어 케어에 대한 일인당 지출이 높고 고가의 제품이 잘 팔리는 경향

② 시장을 선도하는 많은 헤어 케어 제품 기업들은 제품 구성을 다양화하고 더 많은 것을 요구하는 소비자들을 타깃으로 새로운 중고가 이상의 제품 라인을 구성 중

3 결 론

① 미국 헤어 케어 시장이 성장하고 소비자의 요구가 다양화되면서 Ethenic Market, 천연·유기농 시장 등 틈새시장 공략이 중요

② 시장조사기업 Datamoniort의 연구원에 따르면 지난 몇 년간 특정 인종을 대상으로 한 헤어 케어 시장이 전체 헤어 케어 시장보다 훨씬 빠르게 성장 중

③ 성분에 민감하고 웰빙을 중시하는 소비자가 증가함에 따라 미국 천연 뷰티 시장이 성장함

④ 수많은 상품이 경쟁하는 미국 시장에서 경쟁력을 갖기 위해서는 미리 타깃 소비자를 정하고 이들이 원하는 것을 충족하는 제품을 개발해 시장에 진출하려는 노력이 중요

중국

1 중국 스킨 케어 시장 규모

1) 중국 화장품 시장 세계 2위

① 중국의 화장품 시장 규모는 일본에 이어 세계 2위이며, 2011년에 중국 화장품 시장은 2,000억 위안이 넘었고, 연간 15% 성장률을 보임

② 중국 화장품 넷 업계 센터(中国化妆品网行业研究中心)에 따르면 2011년에 중국 스킨 케어 시장 규모는 492억 5,300만 위안이었으며, 전체 화장품 시장의 35.88%의 점유율을 차지함

2) 외자 브랜드 스킨 케어 시장 점유율 높음

① 2011~2012 중국 스킨 케어 시장 보고서에 따르면 상위 10개의 스킨 케어 브랜드가 중국 스킨 케어 시장의 41.89%를 장악

② 중국 스킨케어 상위 10대 브랜드 중 7개가 외자 브랜드로, 외자 브랜드의 스킨 케어 시장 점유율이 높음

③ ESTEE LAUDER(雅诗·兰黛)가 가장 수익성이 높은 브랜드이며, 10대 브랜드였던 GARNIER(卡尼尔)는 YUE SAI(羽西)에 의해 대체됨

④ 중국 자국 스킨케어 생산기업은 기업 수도 많고 상품수도 많지만, 브랜드 집중도가 높지 않은 상황

⑤ 중국 자국 브랜드로는 CHANDO(自然堂), HERBORIST(佰草集), NOHERB(相宜本草)가 가장 성장세를 보임

⑥ 외자 기업이 고가뿐만 아니라 중·저가 스킨 케어 시장을 공략하면서 중국 스킨 케어 시장에서 높은 점유율은 지속적으로 강화될 전망이며, 장기적으로 중국 자국 브랜드 성장은 지체될 것으로 예상함

[2011~2012년도 상위 10대 스킨 케어 브랜드 순위]

(단위 : %)

순위	브랜드	기업명	시장 점유율
1	OLAY(玉兰油)	P & G(宝洁公司)	8.41
2	LOREAL Paris(欧莱雅)	L'Oréal Group(欧莱雅集团)	6.53
3	AUPRES(欧珀莱)	SHISEIDO(资生堂)	5.15
4	CHANDO(自然堂)	JALA Group(伽蓝集团)	4.06
5	NIVEA(妮维雅)	Beiersdorf(拜尔斯道夫)	3.95
6	LANCOME(兰蔻)	L'Oréal Group(欧莱雅集团)	3.31
7	HERBORIST(佰草集)	Shanghai Jahwa(上海家化)	3.26
8	INOHERB(相宜本草)	Shanghai Inoherb(上海相宜本草)	2.59
9	ESTEE LAUDER(雅诗·兰黛)	Estée Lauder Companies, Inc. (雅诗兰黛)	2.47
10	YUE SAI(羽西)	L'Oréal Group(欧莱雅集团)	2.16
		합계	41.89

자료원 : 중국 화장품 넷 업계 센터

2 중국 스킨 케어 시장 특징

1) 20대 여성, 압도적으로 화장품에 대한 관심도 높음

① 바이두 데이터 연구 센터(百度数据研究中心)의 자료에 따르면 2012년에 화장품은 인터넷 검색창에 약 350만 번 검색됨

② 바이두 검색엔진에서 20대가 화장품을 가장 많이 검색했고, 그 다음으로는 30대가 가장 많이 검색함

③ 바이두 검색엔진에서 화장품을 검색하는 여성이 61.3%를 차지했고 남성도 비교적 높은 38.7%을 차지함

④ 2012년 바이두 이용자는 화장품의 제품 및 브랜드에 가장 관심이 많았고, 그 외에도 평가 및 후기 그리고 피부 관리 방법에 가장 관심이 많음

[바이두 전체이용자 대비 화장품 검색 네티즌]

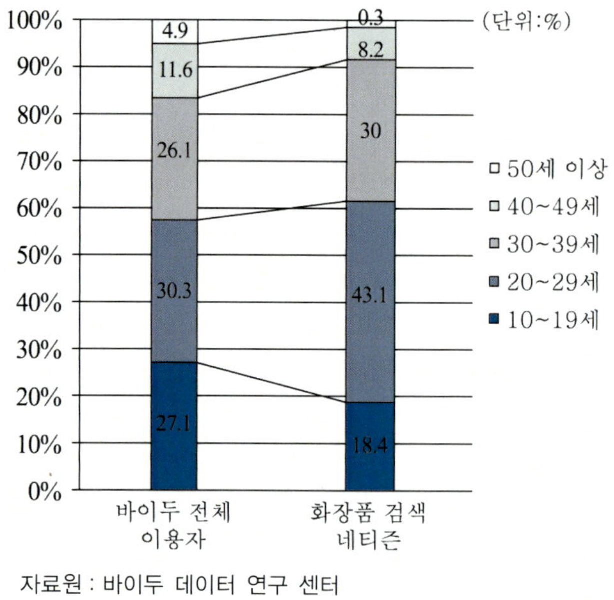

자료원 : 바이두 데이터 연구 센터

3 페이셜 마스크 및 팩 등 DIY(Do It Yourself)상품 인기

① 알렉시스 페라키스 발랏(Alexis Perakis-Valat) 로레알 중국 최고 경영자는 "고객의 수요가 다양해지면서 시장은 더욱 세분화되고 있다."며 "이는 더 많은 시장 기회를 제공한다."고 언급함

② 페이셜 마스크와 팩 상품은 지난 5년간 100%의 성장률을 보이며, 스킨 케어 업계에서 주력상품으로 떠오르면서 로션 다음으로 가장 많이 소비되는 상품임

③ 페이셜 마스크 및 팩 시장은 향후 5년 안으로 130억 위안 규모로 성장할 것으로 예상

④ DIY 에센스와 페이셜 마스크 및 팩은 인기상품이며, 스킨 케어 소비자의 피부 관리에 대한 전문성이 높아지는 추세

[주요 브랜드 페이셜 마스크 가격대]

사진	브랜드명	제품명	개수	가격대(위안)
	MG (美即)	MG/美即 海洋冰泉补水面膜	1	10
	INOHERB (相宜本草)	相宜本草 四倍丝润亲肤面膜	1	12.71
	OLAY (玉兰油)	Olay 水感透白淡斑弹力面膜	1	30
	WATSONS (屈臣氏)	屈臣氏骨胶原滋养臻白面膜	1	11.65

자료원 : TMALL(天猫) 정리

4 온라인 쇼핑으로 화장품 구매하는 소비자 증가

① 중국 전자 상거래 연구 센터의 자료에 따르면 2008년에 중국 전자 상거래의 4.6%를 차지했던 온라인 화장품 쇼핑거래가 2012년에 21.9%로 증가

② 2015년 화장품이 인터넷 쇼핑에서 차지하는 거래규모는 1,200억 위안을 초과할 것으로 예상

③ 판촉 행사를 자주 실시하고, 가격이 다른 판매경로보다 저렴한 장점을 가진 Taobao, Tmall, Jumei와 같은 인터넷 쇼핑몰을 통해 화장품을 구매하는 여성이 증가

④ 쇼핑몰은 제품의 상세한 정보 및 평가를 실시간으로 확인이 가능하기 때문에 상승세를 보임

[화장품 전문 쇼핑몰 판촉 행사]

자료원 : Jumei

5 중국인 관광객이 가장 많이 구매하는 상품 : 화장품

1) 중 · 저가 브랜드가 중국 관광객들에게 인기

① 대한상공회의소와 하나 투어와 함께 한국에서 관광을 마치고 출국하는 중국 관광객 200명을 대상으로 쇼핑 실태를 조사한 결과(중복 응답)에 따르면 화장품이 89.6%를 차지하며 가장 많이 구매하는 상품으로 나타남

② 중국 관광객들이 은련카드(中国银联)로 중·저가형 화장품을 구매한 금액은 2008년 12억 원에서 2011년에 59억 원으로 증가

③ 중국인 관광객은 한국 스킨 케어 상품은 질과 가격이 괜찮고, 아시아인 피부에 잘 맞는다는 인식이 있음

6 결 론

1) 20, 30대 소비자 및 중저가 시장 공략이 핵심

① 유행에 민감하고 입소문을 중시하는 20~30대의 여성은 신제품 수용정도가 높음

② 고급 스킨 케어 시장은 이미 외자브랜드가 전반적인 시장을 장악하고 있어 진출하기에는 어려움이 따르지만, 중·저가 시장은 진출 전망이 밝음

③ 세분화되고 있는 스킨 케어 시장은 틈새시장이 존재

④ 웨이보와 같은 SNS와 블로그 등 빠르게 정보 공유가 가능한 플랫폼을 이용해 소비자 니즈를 수용해야 함

⑤ SNS 혹은 전문 블로그를 통한 제품 입소문은 좋은 마케팅 전략이 될 것

스페인

1 스페인 의료 미용 클리닉, 불황 중에서 성장 가속

스페인은 유럽에서 미용에 대한 관심이 가장 높은 국가로 손꼽힘. 이로 인해 성형수술은 물론 의료미용에 대한 지출이 타 국가에 비해 높은 편

① 스페인 내 성형 수술 건수는 연간 약 30~40만 건으로 유럽 내에서 가장 높은 수준으로 나타남

② 국민당 매년 평균 2,000유로 가량이 피부 관리나 지방흡입 등과 같은 의료 미용 명목으로 지출됨

③ 업계는 미용에 대한 스페인 국민의 높은 관심이 외향적인 지중해 생활 방식에 있는 것으로 해석. 이에 따라, 매년 봄이 되면 여름휴가를 대비해 의료미용 클리닉을 찾는 고객이 크게 증가하며, 고주파 및 원적외선을 이용한 지방분해, 제모 시술은 물론 열테라피, 아쿠아테라피 등을 이용한 피부 미용 관리 서비스도 성행

2 불황으로 일자리가 점점 줄어들며 의료미용 서비스 산업 더욱 호황

① 극심한 경기 불황으로 인한 취업환경 악화 때문에 현지 구직자들은 타 구직자와의 차별성 등을 위해 미용에 더욱 신경을 쓰기 시작함. 또한, 이미 직장을 가진 근로자들도 자신의 현 일자리를 유지하거나 더 좋은 직장으로 이직하기 위해 의료미용 클리닉을 찾음

② SEME(스페인 의료미용협회)에 따르면, 경제위기 이후 의료미용 클리닉 수가 전에 비해 오히려 20% 가량 증가
또한, STANPA(스페인 화장품/향수 제조협회)가 2011년 현지 미용 클리닉을 대상으로 진행한 앙케트에 따르면, 응답자 중 63%가 지난해와 비교해 손님이 늘었다고 응답

③ 그 밖에 전체 고객 중 10%에 불과하던 남성 고객의 비중도 30%까지 확대된 것으로 조사됨

④ 스페인 피부 미용 기기 시장규모에 대해선 구체적으로 알려진 바가 없으나, 현지 업계를 통해 추산한 결과 연간 시장규모가 약 1억 유로에 이르는 것으로 보여짐

⑤ 피부 미용 기기 제품들은 주로 의료 미용 클리닉이나 뷰티숍 등을 중심으로 수요가 발생. 현재 스페인 내 미용 관련 클리닉 수는 약 1만 4,000개로 국민 3,500명당 1개꼴인 것으로 파악됨

3 다수 브랜드의 치열한 경쟁 구도

① 소수의 중소 기업(현지 토종 브랜드)이 생산 중이나 시장 내 영향력은 제한적

② Bracco Karin, Auma 등과 같은 일부 현지 제조기업이 각종 미용 관련 기기를 제조하나, 이들은 모두 중소기업으로 시장 점유 수준은 30~40% 정도로 낮은 편임

③ 타 해외 브랜드에 비해 가격이나 품질, 기술 경쟁력은 대체적으로 유사하거나 다소 낮은 것으로 평가됨

4 다수의 브랜드(해외 브랜드)가 시장 분할 점유

① 현재 다수의 해외 브랜드 제품이 스페인 피부 미용 기기 시장에 진출해 있음. 유럽산은 물론 북미, 중국산 등 다양한 국가에서 제조된 다수의 품종이 판매되고 있으나, 특정 브랜드의 독점 현상은 포착되지 않음
즉, 다수의 브랜드가 시장을 골고루 분할 점유 중인 것으로 파악됨

② 제품 가격은 브랜드별/기능에 따라 천차만별이며, 제모나 지방제거 등과 관련된 기기의 인기가 높음

[스페인 시장에서 판매 중인 주요 의료미용 기기]

브랜드	모델명	사진	주요 기능
LASER BRACCO	IPL KARIN	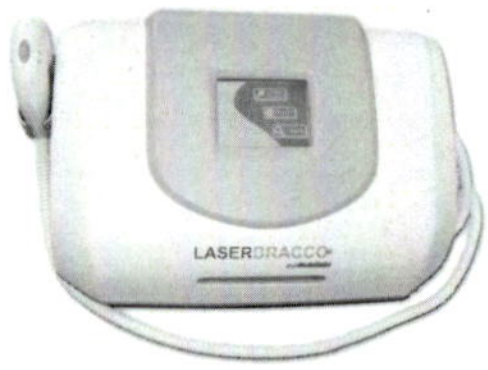	• 레이저 기반 • 어두운 피부용 제모 • 주름 제거 • 기미 제거
LASER BRACCO	BRACO PF	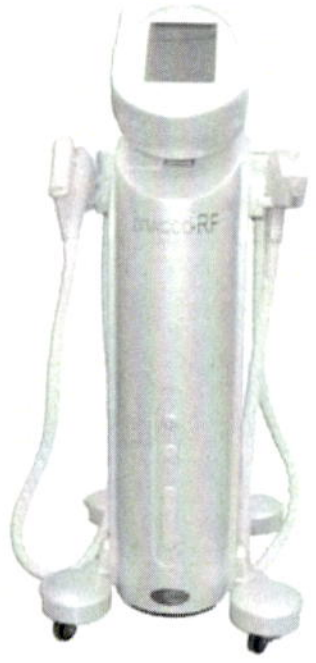	• 레이저 기반 • 콜라겐 생성 • 특정 지방 분해 • 지친 피부 개선 • 피부 처짐 방지
Aumas	Quick light	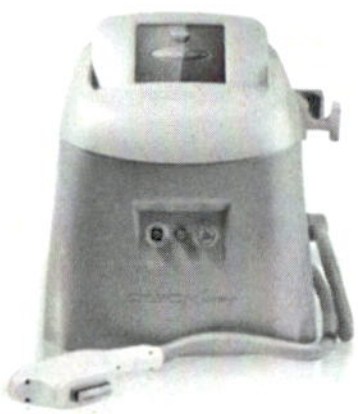	• Intense Pulsed Light 기반 • 제모 • 주름개선 • 동안피부

브랜드	모델명	사진	주요 기능
Dibody	diLight RF+		• 고주파 기반 • 각종 제모
Dibody	diAngelo	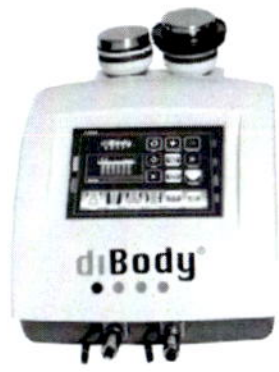	• 각질 제거 • 몸매 관리 등
Beauty Instrument	Beauty Instrument		프레소테라피(압박요법) • 복부, 다리, 팔, 허리 체형 관리 • 혈액순환 • 복부지방 예방 • 지방흡입수술 후유증 관리 • 편두통, 류마티즘에 효과

자료원 : 각 기업 홈페이지

5 결 론

① 장기적인 불황에 따른 소비자심리 위축 현상이 최소 1~2년간 지속될 것으로 보이나, 미용에 대한 관심 증가 때문에 의료미용기기에 대한 수요는 비교적 일정한 수준을 이어갈 것으로 보임

② 이미 영업 중인 의료미용 클리닉보다는 개업 예정인 클리닉을 중심으로 수요가 발생할 것으로 보임

③ 이미 다수의 브랜드가 시장에 진출해 치열한 경쟁을 벌인 관계로, 한국산 신규 브랜드가 스페인 시장에 안정적으로 진출하기 위해서는 새로운 미용 요법 등이 가미된 혁신성이 높은 제품 개발이 선행돼야 함

④ SEME 관계자에 따르면, 의료미용기기 시장은 크게

㉠ 가격을 절대적인 기준으로 삼거나

㉡ 품질/기술력을 중요시하는 소비자들로 양분화되어 있다고 함

⑤ 중저가 시장은 이미 중국 브랜드 등이 장악해 있으므로 한국 브랜드들은 이미 검증된 새로운 피부 개선요법이나 방안 등 혁신성을 중심으로 현지 바이어에게 어필할 필요가 있음을 충고함

남아프리카 공화국

1 남아공 뷰티 살롱 매장 빠르게 확대

① 남아프리카공화국(남아공) 최대의 뷰티살롱 및 스파 체인, Sorbet이 올해만 11개의 점포를 개설했으며 올해 말까지 최대 여섯 개의 매장을 추가로 오픈할 계획이라고 밝힘

② 2012년 당초 남아공의 뷰티 수요에 초점을 맞춰 10~15개의 매장을 보유하는 것이 Sorbet의 장기 목표였으나 현재 확장 목표를 11개로 초과 달성하는 등 빠른 성장세를 보임

③ 최근 경기 침체에서도 네일, 스킨 케어 등 품목군 다변화로 뚜렷한 성장세 나타냄

④ Sorbet은 현재 로열티 고객수가 1만8,000명을 돌파했으며 불과 일주일 만에 500여 명의 신규 고객이 가입할 정도로 폭발적인 수요를 보이는 추세라고 함

⑤ 뷰티체인 성장세로 인해 화장품 및 뷰티용품 시장 또한 성장세 보임

2 남아공 화장품(뷰티용품) 시장 및 수입 동향

1) 시장 동향

① 남아공의 수입시장 규모는 2012년 6,300만 달러를 기록하면서 2011년 약 6,000만 달러 규모의 전년 동기 대비 4.39%의 성장세를 보임

② 남아공 화장품 시장은 프랑스, 미국, 스페인 등의 고가 유명 브랜드 제품에 대한 수요가 높음

2) 경쟁 및 수입동향

① 유명 브랜드의 제품이 수입시장의 절반 이상을 차지하고, 3위를 차지하는 스페인이 81%의 수입증가율을 보임.

② 남아공 수입시장에서 한국산 제품은 최근 1년간 282.39%의 폭발적인 성장세를 보이나 시장 점유율은 0.24%에 불과함.

[화장품 및 뷰티용품 수입 현황]

(단위 : US$ 백만, %)

순위	국가	금액	증가율	점유율
1	프랑스	12.165	6.16	19.23
2	미국	9.235	-12.04	14.60
3	스페인	8.590	81.81	13.58
4	폴란드	8.130	7.40	12.85
5	독일	7.189	0.91	11.36
20	한국	0.150	282.39	0.24
	총계	63.266	4.39	100.0

자료원 : World Trade Atlas

[화장품 및 뷰티용품 수입 현황]

(단위 : US$ 백만, %)

HS Code	품목명	수입액			10/11 증감률
		2010	2011	2012	
3304	Beauty products	65.076	84.329	86.800	2.93
3302	Odorif Mx; Rw Mat F In	67.568	77.783	75.336	-3.15
3303	Perfume, Toilet Waters	28.681	35.883	40.339	12.42
3305	Hair Preparations	22.550	49.869	37.498	-24.81
3307	Shaving, Bath, DeodOR	23.379	31.973	29.840	-6.67
3306	Preps, Or/Den Hyg;Flss	10.482	9.535	16.839	76.60
3301	Essent Oil Resinoid	6.635	8.425	7.793	-7.50

자료원 : World Trade Atlas

3 시사점

① 고가의 화장품 및 뷰티용품 브랜드들이 있는 남아공 시장에 성공적으로 진출하려면 한국의 중저가 화장품 및 뷰티용품에 대한 현지 바이어들의 인콰이어리 요청에 예의주시할 필요가 있음

② 가격 대비 우수한 품질을 지닌 한국 제품에 현지인들의 관심을 이끌어내기 위해서는 우리 기업의 꾸준한 마케팅 전략이 필요함

소비자 니즈(NEEDS)를 이해하는 한상궁의 전략

한 상궁은 주인공 장금이의 스승이다. 품성이 어질고 착하다. 이 한 상궁이 수라간 최고 상궁의 자리를 놓고 경쟁을 벌이게 되었다. 상대는 끔찍이도 권력 지향적인 최 상궁이다. 각종 진귀한 요리를 만드는 치열한 경합 끝에 이제 마지막 결전이다. 이번 판으로 승부가 결정 난다. 드디어 중전이 심사 기준과 방법을 선언한다.

중전　“모두 듣거라. (중략)과제는 ‘밥 짓기’다. (중략) 너희들이 지은 밥은 각각 ‘놋그릇’과 ‘백사기 그릇’에 나누어 담기게 된다. 그리고 각 소주방의 상궁들이 심사하게 될 것이며, 어떤 그릇에 담을 것인지는 심사 직전에 알려줄 것이다.”

상궁들과 나인들이 수군거린다.

“밥이야 두 분 다 30년 넘게 지어 오신 분들인데, 차이가 날까? 쌀도 같고, 솥도 같고, 다 같은데….”

이제 심사장면이다. 심사할 상궁들 14명 앞에 두 개의 그릇, 즉, ‘놋그릇’과 ‘백사기 그릇’에 담긴 밥이 놓인다. 심사위원들은 어떤 그릇에 누가 만든 밥이 담겼는지 모르는 상황이다.

“먹어본 후, 더 맛있는 것을 투표지에 써 내라.”하고 중전이 지시한다. 상궁들이 두 그릇의 밥을 떠 먹어보고 나서 종이에 ‘놋그릇’ 또는 ‘백사기 그릇’이라고 써낸다. 지밀상궁이 투표지를 모두 수거해 중전 앞에 모아 놓는다.

개표 직전에, 먹어본 밥의 맛을 평해보라고 중전이 상궁들에게 요청한다. 상궁들은 한결같이 ‘백사기 그릇의 밥’이 일반적으로 맛있었다고 대답한다. 아뿔싸, 사악한 최 상궁이 만든 밥이다. 심사위원들이 그 이유를 말한다.

상궁A　“(중략) ‘백사기 그릇(최 상궁)의 밥’은 참으로 차지고 부드러운 것이 그 동안 맛보지 못한 것이었습니다.”

그러자, "저도 그렇게 느꼈습니다." 많은 심사위원들이 동조한다. 순간 최 상궁의 입가에 회심의 미소가 떠오른다. 중전이 최 상궁에게 그런 밥을 어떻게 만들었냐고 묻는다.

최 상궁 "(중략) 가마솥 위에 무거운 것을 올려놓아 압을 가하고, 솥 가장자리엔 밀가루 반죽을 붙여 김이 새나가는 것을 막아보니, 밥 맛이 훨씬 차지고 부드러웠습니다. 하여, 그 방법을 썼습니다."

중전 "그래, (중략) 아주 좋은 방법을 알아냈구나. 더구나 상궁들이 모두 칭찬하는 것을 보니, 결과는 나온 것이겠구나. 지밀상궁은 발표를 하거라."

그런데 뜻밖에도 개표 결과는 역전이었다. 우리의 주인공 한 상궁이 이긴 것이다. '백사기 그릇(최 상궁)'을 적어낸 자가 다섯인 반면에, '놋그릇(한 상궁)'을 적어낸 자가 아홉이었다. 순간 최 상궁의 얼굴에서 승리의 미소가 사라진다. 그러자, 중전이 의아하다는 듯이 심사위원들에게 질문을 던진다.

중전 "아무리 그래도 이건 좀 이상하구나. 모두들 '백사기 그릇의 밥(최 상궁)'이 새롭고 맛있다 하였는데, 어찌 적어낸 것은 '놋그릇(한 상궁)'이 많았는고?"

상궁 A "최 상궁 마마의 밥은 흠잡을 곳이 없었으나, 실은 제가 약간 된 밥을 좋아하는 터라…"

그러자 많은 상궁들이 그렇다고 공감을 표한다.

중전 "그럼 다들 된밥이라 좋아했단 말이냐?"

상궁 B "실은 저는 조금 진 듯한 밥이라, '놋그릇(한 상궁)'을…"

그러자, 많은 심사위원들이 자신도 한 상궁이 만든 밥이 진밥이라 좋았다고 말한다. 어떤 사람은 자신의 취향에 맞는 보통밥이라 좋았다고 한다. 참으로 신기한 노릇이다. 고개를 갸우뚱거리던 중전이 "어찌 한 솥에서 지은 밥이 진 것도 나오고, 된 것도 나오느냐?"하고 한 상궁에게 묻는다. 한 상궁이 조용히 답변을 올린다.

한 상궁 "밥을 할 때, 솥의 한쪽에 그릇을 놓게 되면, 그릇을 놓은 쪽의 쌀이 물 위로 올라와 된밥이 되옵고, 그 가운데는 보통밥, 나머지 한쪽은 진밥이 되옵니다. 전하께서는 약간 된밥을 좋아하시고, 중전마마께서는 진밥을 좋아하시기에, 생각해낸 것이옵니다."

중전 "음…(중략) 허나, 나와 전하는 그렇다 치고, 한 상궁은 각 처소의 상궁들이 진밥을 좋아하는지, 된밥을 좋아하는지까지 알고 있단 말이냐?"

한 상궁 "예, 모두 생(生)각시 시절부터 쭉 보아온 상궁들이기에…"

중전 "놀랍구나."(중략)

3 맨유 퍼거슨 감독의 리더십과 퍼기 타임 마케팅

'퍼거슨 시대'가 막을 내렸다. 알렉스 퍼거슨(72) 맨체스터 유나이티드(맨유) 감독이 은퇴를 공식 선언했다.

퍼거슨 감독은 8일(한국시간) 열린 구단 공식 기자회견에서 "팀이 가장 강할 때 떠나기로 했다. 지금이 은퇴하기 적절한 시기다. 앞으로 맨유 이사 및 홍보 대사의 역할을 맡을 것이다"고 밝혔다..

퍼거슨 감독은 지도자로서 최고의 기록을 남겼다.

그는 감독으로서 단일 클럽 최다 경기 출장 기록을 갖고 있다. 올 시즌 남은 정규리그 2경기를 치르면 맨유에서 1,500경기를 채우고 은퇴하게 된다. 퍼거슨 감독은 1986년 맨유 지휘봉을 잡은 후 27년간 장기 집권했다.

그는 맨유에서 총 38차례 우승을 이뤄냈다. 정규리그 13회 우승을 포함해 FA컵, 리그컵, 챔피언스리그 등에서 우승했다. 퍼거슨 감독은 1999년 트레블(정규리그, FA컵, 유럽 챔피언스리그 등 3개 메이저 대회 우승)을 달성하고 엘리자베스 여왕으로부터 기사 작위를 받았다.

지도자로서 이룰 것을 다 이뤘다는 성취감, 그리고 건강 악화 등이 복합적으로 작용하면서 퍼거슨 감독은 은퇴를 결심한 것으로 보인다. 퍼거슨 감독은 2004년 심장 수술을 받았고, 2013년 8월에는 엉덩이 수술을 받을 예정이다.

퍼거슨 감독은 강력한 카리스마로 유명하다. 선수의 면전에서 머리가 휘날리도록 호통을 친다고 해서 붙은 별명이 '헤어 드라이어'다. 2003년 맨유의 간판 스타였던 데이비드 베컴에게 축구화를 집어던져 팀을 떠나게 만들었을 정도다. 스타 플레이어와 불화가 생기면 가차없이 내쳤고, 대신 박지성(32·QPR) 등 자신이 직접 찍은 선수를 영입해서 탄탄한 팀을 꾸렸다. 경제계에서도 퍼거슨의 리더십을 연구했다.

껌을 씹으며 무표정하게 경기를 지켜보는 퍼거슨 감독의 모습은 한국 팬들에게 친숙하다. 박지성이 맨유에서 7년(2005년~2012년) 동안 활약했기 때문이다. 세계적인 명장 퍼거슨 감독이 박지성에 대해 평가하는 한마디 한마디가 화제가 됐다. 퍼거슨 감독은 2011년 "박지성은 세계 최고의 선수 중 하나지만, 문제는 그가 그 사실을 모른다는 것"이라며 극찬했고, 지난해 박지성이 QPR에 입단한 후 "내 손자는 가장 좋아하던 박지성을 내보냈다며 아직도 내게 말을 하지 않는다"는 친필 편지를 보냈다.

퍼거슨 감독은 박지성을 바르셀로나와 첼시, AC밀란 등 강팀과 대결에 중용했지만 2008년 챔피언스리그 결승 당일에 박지성을 선발 명단에서 제외하는 냉정한 모습을 보이기도 했다.

박지성은 지난해 한 인터뷰에서 퍼거슨 감독에 대해 "선수들이 팀을 위해 희생할 수밖에 없는 분위기를 만든다. 이런 게 많은 스타를 보유하고도 문제 없이 선수를 관리하는 비결인 듯하다"고 말했다.

알렉스 퍼거슨 감독 프로필

■ **생년월일**

1941년 12월 31일 영국 스코틀랜드 글래스고 출생

■ **감독 경력**

- 이스트 스털링샤이어(1974)
- 세인트 미렌(1974~1978)
- 에버딘(1978~1986)
- 스코틀랜드 대표팀(1985~1986)
- 맨체스터 유나이티드(1986~2013)

■ **맨유 감독으로 일군 우승 횟수**

- 프리미어리그 13회
- FA컵 5회
- 리그컵 4회
- 커뮤니티 실드 10회
- UEFA 챔피언스리그 2회
- UEFA컵 위너스컵 1회
- UEFA 슈퍼컵 1회
- FIFA 클럽 월드컵 1회
- 인터콘티넨탈컵 1회

■ **주요 수상 경력**

- 국제축구역사통계재단(IFFHS) 21세기 최우수 감독 1회(2012년)
- 잉글랜드 프리미어리그 시즌 최고 감독 10회

■ **선수 경력**

- 퀸즈파크FC(1957~1960)
- 세인트존스턴(1960~1964)
- 던펌린 애슬레틱(1964~1967)
- 레인저스(1967~1969)
- 폴커크(1969~1973)
- 에어 유나이티드(1973~1974)

■ **선수 시절 기록**

317경기 170골(공격수)

■ **애제자**

웨인 루니(잉글랜드), 크리스티아누 호날두(포르투갈), 박지성(한국) 등

맨체스터 유나이티드의 알렉스 퍼거슨 감독이 지도자 은퇴를 선언했다. 27년에 달하는 초장기 집권, 수많은 우승 트로피, 불같은 열정과 얼음처럼 차가운 판단력이 영국 축구 역사상 가장 성공적인 감독을 만들었다. 그의 리더십을 이해할 수 있는 어록 여섯 가지를 소개한다.

퍼거슨 감독 어록 6

1 동기 부여의 달인

"이 경기가 끝나고 나면 유러피언컵은 너희의 딱 2미터 앞에 있을 거야. 그런데 져버리면 만지지도 못하게 되지. 너희 중 대부분은 인생을 통틀어 유러피언컵에 가장 가까이 가는 순간일 거야. 전부를 쏟아버리지 않고 라커룸으로 돌아올 생각은 아예 하지도 마."

1999년 5월 UEFA챔피언스리그 결승전 하프타임 중 라커룸에서 선수들에게 했던 말이다. 유럽 최고를 가리는 무대에서 바이에른 뮌헨과 만난 맨유는 전반 6분 마리오 바슬러에게 선제 득점을 허용해 0-1로 뒤졌다. 하프타임 라커룸에 모인 퍼거슨 감독은 승리의 의미와 승부의 중요성을 강조함으로써 사기를 높였다. 결국 맨유는 후반 추가시간에만 2골을 뽑아내 기적 같은 2-1 역전 드라마를 써 트레블(시즌 3관왕)을 달성했다.

2 질투의 화신

"그 친구가 굉장히 인텔리라고들 말하잖아. 5개 국어를 한다면서 말이야. 우리 팀에 15살짜리 코트디부아르 아이가 있는데 그 녀석도 5개 국어를 한다구!"

1996년 아스널은 프랑스 출신의 아르센 벵거를 감독으로 영입했다. 철저한 무명이었지만 영국 언론은 벵거가 석사 학위(자격증이라는 설도 있다)를 소지했으며 5개 국어를 하는 '인텔리'라고 보도했다. 이른바 '가방끈이 짧은' 퍼거슨의 학력과 비교가 된 것이다. 심사가 뒤틀어진 퍼거슨은 기자회견 중, 5개 국어 부분을 폄하하면서 질투심을 숨기지 못했다.

3 좌중을 압도하는 뛰어난 유머 감각의 소유자

"게리 네빌의 키가 조금만 더 컸으면 영국 최고의 센터백이 될 수 있었을 거야. 그 아버지는 키가 187cm나 되던데. 그 집 우유배달원을 조사해봐야겠어."

퍼거슨은 뛰어난 유머 감각으로도 유명하다. 불같은 성격에도 불구하고 기분만 좋으면 기자회견장에서는 웃음꽃이 만발하곤 한다. 맨유의 라이트백으로 활약했던 게리 네빌을 평가하면서 퍼거슨 감독은 '조크'를 잊지 않았다. 네빌의 작은 키에 대한 아쉬움을 표시하는 동시에 '우유를 충분히 안 마신 것 같다'는 식의 음모론(?)을 내놓아 좌중을 웃겼다.

4 산전수전, 공중전, 지상전, 수중전까지 다 겪은 베테랑

"전성기에 다다른 선수를 놓고 내가 하는 말이 있지. 슬리퍼만 신고도 에베레스트를 등정할 수 있을 것 같은 기분이 든다고. 지금 그 친구가 그래."

1974년 지도자 생활을 시작한 퍼거슨은 올해로 감독력(歷)이 39년에 달하는 베테랑 중 베테랑이다. 쉽게 말해 별의별 상황과 선수들을 경험했다. 90년대 초반 환상적인 기량으로 맨유의 중원을 탄탄하게 만들었던 폴 인스의 '광기'도 퍼거슨에겐 물론 주지의 사실이었다. 뛰어난 실력에도 불구하고 인스는 강한 자아의식과 요란한 사생활로 퍼거슨의 눈밖에 났고, 결국 1995년 인터밀란으로 그를 팔아버렸다.

5 인간적인, 너무나 인간적인 영감님

"그 친구가 거의 덮칠 듯하더군. 다른 선수들은 눈을 가리고. 그 친구를 올려다 보면서 생각했지. 아, 이 녀석이 지금 나를 치면 죽을 수도 있겠구나, 라고."

덴마크의 축구 영웅 피터 슈마이켈은 90년대 '맨유제국'의 수문장으로 활약했다. 엄청난 체격에도 불구하고 뛰어난 순발력과 상황 판단력을 지녔던 슈마이켈은 맨유 역사상 가장 위대한 골키퍼로도 손꼽힌다. 하지만 덴마크 출신답게 자기 주장이 뚜렷해 때때로 퍼거슨과 의견 충돌을 일으켰다. 말년에는 라커룸에서 몸싸움 일보 직전까지 갔을 정도로 험악한 장면이 연출되었는데, 퍼거슨조차 거인과의 일대일 맞대결 앞에서는 '쫄' 수밖에 없었다.

6 막말 제조기

"젠장 꺼져. 너랑은 절대로 말하지 않을 거야. 베론은 XX 대단한 선수고, 너는 XX 멍청한 놈이니까."

"지금까지 들어본 질문 중에 가장 멍청한 질문이네. 마스체라노 살까? 제대로 된 질문 좀 해."

화를 참지 못하는 성격의 퍼거슨은 TV 생중계, 공식 기자회견 중에서도 거리낌 없이 방송금지어를 던졌다. 고액 이적료를 지불해 영입했던 후안 세바스찬 베론이 좀처럼 맨유에 적응하지 못하자 영국 언론이 상어떼처럼 달려들었다. 한 기자가 베론의 부진 이유를 재차 묻자 퍼거슨은 공식 석상이었음에도 불구하고 기자를 향해 욕설을 던지며 분위기를 험악하게 만들었다.

두 번째 발언은 2011년 5월 UEFA챔피언스리그 결승전 완패(바르셀로나 3-1 맨유) 후 기자회견에서의 작품(?)이다. '이날 맞붙었던 바르셀로나에서 영입하고 싶은 선수가 있는가'라는 질문이었다. 퍼거슨은 콧방귀를 뀌더니 대뜸 "생애 가장 멍청한 질문"이라고 말해 기자를 무안하게 만들었다.

퍼기 타임 마케팅

"수요일엔 5분 더 영업합니다."

5월 8일 어버이날 은퇴를 발표한 '명장' 알렉스 퍼거슨(72) 맨체스터 유나이티드 감독의 영향력은 역시나 대단하다. 심지어 축구와 특별히 관련 없는 외식업계에도 '퍼기 타임'을 남길 정도였다. 맨체스터의 한 레스토랑이 퍼거슨 감독의 업적을 기리기 위해 '퍼기 타임'이라는 독특한 추가 영업 시간을 내놓아 화제다. 트래포드 센터에 있는 이 식당은 평일엔 보통 오후 11시에 문을 닫는다. 하지만, 수요일만큼은 '퍼기 타임'을 적용해 5분 동안 더 영업하기로 했다. 사실 5분이라는 시간은 손님들의 레스토랑 이용이나 매출 증가에 큰 영향을 미치진 않는다. 하지만, '퍼기 타임'을 적용한 톡톡 튀는 아이디어로 이 레스토랑은 적잖은 홍보 효과를 누릴 수 있었다. 은퇴를 발표한 '전설' 퍼거슨 감독을 둘러싸고 다양한 업계에서 광고 활용을 고심하고 있지만, 이 레스토랑 만큼 재치있는 아이디어로 최고의 효과를 누리기는 쉽지 않다는 평가다. '퍼기 타임'은 퍼거슨 감독이 이끄는 맨유가 경기에서 지고 있을 때 심판들이 추가 시간을 더 많이 준다는 의혹에서 만들어진 신조어다.

최근 영국 BBC방송은 지난 시즌 맨유 경기를 분석한 결과 "맨유가 이기고 있을 때보다 지고 있을 때 후반 추가 시간이 평균 79초 더 많이 주어진 것으로 확인됐다."며 '퍼기 타임'이 어느 정도 존재했다고 보도한 바 있다.

퍼거슨 감독은 1998~1999 시즌 유럽축구연맹 챔피언스리그 결승전에서 후반 45분이 지날 때까지 바이에른 뮌헨(독일)에 0-1로 뒤지고 있었으나 추가 시간에 테디 셰링엄과 올레 군나르 솔샤르의 연속골이 터져 짜릿한 역전 우승을 거머쥐기도 했다. 이 승리로 맨유는 잉글랜드 클럽 사상 최초로 트레블(침피언스리그, 정규리그, FA컵 우승)을 달성하는 최고의 시즌을 보냈다. 당시 퍼거슨 감독은 축구 발전에 헌신한 공을 인정받아 영국 왕실로부터 기사 작위를 받는 영광을 누렸다.

손석희 교수 또한 그가 10여년 넘게 진행해 왔던 '손석희의 시선집중'을 떠나면서 퍼기타임을 적용해 마지막 방송을 연장하였다. 진행자의 아쉬움과 청취자의 미련이 더해서 또다시 많은 사람들 사이에서 퍼기타임이 회자되기도 하는 진풍경이 연출되었다.

4 콜라보레이션을 통한 트렌스 오버 전략

1 콜라보레이션(collaboration)의 정의

사전적 의미로 '협업', 혹은 '협력', 생산이나 마케팅 관점에서의 의미로는 '합작'의 의미

즉, 서로 다른 두 개가 단순히 1+1=2가 되기 위한 것이 아니라 그 이상의 시너지를 내기 위한 '융합' 전략

2 콜라보레이션 확산 배경

소비자들의 높아진 눈높이와 욕구를 충족시키기 위해서 기업들은 다양한 방법으로 기존의 모습과 다른 모습을 보여주려 한다.

"이건 좀 내 스타일이 아닌 거 같고, 저건 너무 평범해. 무언가 색다른 거 없나?", "시간도 없는데 한 곳에서 두 가지 일을 동시에 하고 싶다."

이렇게 21세기를 사는 우리의 소비자들은 '평범함'을 넘어 '신기함, 특별함, 편리함'을 원한다.

최근 들어 패션, 뷰티산업 등 많은 분야에서 활발하게 이뤄지고 있는 콜라보레이션. 효과적인 마케팅의 전략인 동시에 경제적인 협력방안으로 널리 활용되고 있다.

지금부터 대표적인 콜라보레이션 성공 사례에 대해 알아보자.

커피 전문점

요즘 사람들이 붐비는 곳이면 어디서나 쉽게 커피 전문점을 찾을 수 있다. 심지어 유명 커피 전문점이 입주하면 건물 가격이 올라간다는 말도 있으니 그 영향력은 실로 대단하다.

커피를 즐기는 사람들의 취향이 88올림픽을 계기로 인스턴트 커피, 소위 다방커피에서 원두 커피(드립식 커피)로 옮겨가면서 사람들은 커피의 품질을 중요한 가치로 인식하기 시작했다.

이후 1999년 신세계와 미국 스타벅스 인터내셔널의 공동 투자로 설립한 스타벅스 커피 코리아가 국내에 매장을 오픈하면서 커피에 대한 인식은 한 단계 더 업그레이드 됐다. 이어 커피빈, 파스쿠치 등 다양한 외국 브랜드의 테이크 아웃 커피 전문점들이 국내에 속속 진입하고, 로즈버드, 할리스 커피 등 국내 브랜드 또한 가세하면서 커피전문점 시장은 성장 가도를 달리고 있다.

한편, 삼성 카드에 따르면, 국내 유명 3대 커피 전문점 199개 가맹점의 지난 한 해 동안 매출 건수를 조사한 결과 1월 매출 건수에 비해 12월 매출 건수가 55.8% 증가한 것으로 나타났다. 매출액 또한 53.7%가 늘어나 지난 한 해 커피 전문점은 그야말로 호황을 누린 것으로 보인다.

특이한 점은 3개 커피 전문점의 연간 이용 건수를 조사해보면, 50대 남성과 여성은 일년에 각각 1.52회와 1.45회 커피 전문점을 방문해 50대의 평균 이용횟수가

20대의 평균 이용 횟수(1.3회)를 앞지른 것으로 나타났다.

또한, 남녀별 이용건수를 보면 12월 전체 남성의 이용건수는 1월 대비 60.1% 증가했고, 여성의 이용은 53.2% 증가해 남성의 이용 증가율이 여성을 앞지르는 것으로 나타났다. 이 중 20대 남성과 40대 남성의 이용 건이 각각 117.3%와 57.5% 증가했으며 여성의 경우는 20대가 63.7%, 40대가 49.3%의 증가율을 보여 남녀 모두 40대의 커피전문점 이용건수가 20대의 뒤를 이어 큰 폭으로 증가한 것으로 나타났다.
이렇듯 그 동안 젊은 여성들의 전유물로 생각됐던 커피전문점 이용이 남성과 중장년층으로까지 확산되면서 커피 전문점의 성장은 앞으로도 지속될 것으로 보인다.

커피 전문점 시장은 말 그대로 뜨겁게 달아오른 상태다. 지난해 소위 된장녀 논란에도 불구하고 각 업체에서는 꾸준히 증가하는 고객에 맞춰 매장 추가를 계획하고 있고, 신규 브랜드가 새롭게 진출하는 등 브랜드별 경쟁이 치열해지고 있기 때문이다.

최근 커피 전문점의 매장 확대는 커피 전문점이 첫 선을 보인 1997년 이후 최대 규모를 기록하고 있다.

업계에서는 커피 전문점이 해마다 3~5%의 성장세를 이어가고 있다고 평가하고 있다. 시장 규모는 소매 원두와 커피 전문점, 병 커피 등을 합쳐 연간 4~5천억 원대로 추정되는 가운데 커피 전문점 시장은 약 2천억 원 규모로 추정된다.

인스턴트 커피와 원두 커피를 모두 합쳐 연간 1조 원대로 추정되는 커피 시장에서 아직까지 원두 커피 시장 규모가 인스턴트 커피 시장에 비해 매우 작기 때문에 그 성장 가능성은 매우 높게 점쳐지고 있다.

한편 거대 자본을 가진 대형 업체들이 시장을 재편해 나가면서 소위 중소형 업체들은 도태되고 있다는 지적도 있다.

흡사 미용산업 역시 양극화와 규모의 경제가 확대됨에 따라 자본과 강력한 마케팅이 동원된 기업형 브랜드 살롱에서는 양질의 인력 확보가 용이하고, 매출 또한 성장세가 가속화된다.

하지만, 영세 소자본 살롱에서는 고질적인 인력난과 매출 악화가 현실화되어 폐업하는 동네 미용실도 많은 것이 현실이다.

1 전국 커피 전문점 현황

① **전국** : 약 15,000개

② **메이저 5대 브랜드**

NO	브랜드	MARKET SHARE		
		국내	해외	TOTAL
1	카페베네	832	4	836
2	엔젤리너스	702		702
3	스타벅스	480		480
4	할리스	357	8	365
5	탐앤탐스	351	14	365

출처 : 2013 통계청 도소매업 조사 현황

2 커피 전문점 & 미용실(피부관리실)의 제휴 마케팅

1) 커피 전문점이 미용실이나 피부관리실 제휴 전략으로 좋은 이유?

① 미용실이나 피부관리실, 커피 전문점을 찾는 주 타깃 고객의 연령층이 주로 20~30대 초반의 여성으로 집중 됨

② 커피 전문점의 로케이션 특성상 주로 역세권이나 유동 인구가 많은 곳으로 노출 빈도가 높음

③ 커피 전문점을 주로 이용하는 주 타깃 20~30대 고객층은 미용실이나 피부관리실에서도 객단가가 상대적으로 가장 높음

④ 20~30대 여성의 주 타깃층은 경제적인 여건에 구애받지 않고, 불경기 상황일수록 가치 소비가 촉진되어 고가의 커피나 속옷, 단일품목의 원색계열 립스틱을 선호

ex. 에스티로더 '립스틱 지수'

⑤ 깔끔하고, 질적 만족도가 높은 커피 전문점과의 제휴를 통해 미용실이나 피부관리실의 경우에도 상대적인 브랜딩 상승 효과가 나타남

⑥ 커피 전문점의 경우 1일 집객도가 높아 미용실이나 피부관리실의 홍보 효과가 상승함

2) 제휴 프로모션 예시

① OO 커피 전문점 영수증 지참 고객 20% OFF(단, 커트, 드라이, 점판 제외)

② OO 커피 전문점 내 제휴 안내 포스터 or POP 비치

③ 미용실, 피부관리실 이용 고객 아메리카노 커피 1,000원 할인권 증정

U사 & 질 샌더

(중저가 브랜드와 유명 디자이너가 만났다?!)

지난 2009년 일본의 대표적인 SPA 브랜드인 U사는 독일의 유명 디자이너 '질 샌더'와 콜라보레이션을 체결했다.

2004년 이후 유명 명품 브랜드 디자이너를 그만두고 패션계를 떠났던 질 샌더가 중저가 브랜드인 U사와의 콜라보레이션을 통해 다시 돌아왔다는 사실은 많은 사람들을 놀라게 했고, 기대하게 만들었다.

U사와 질 샌더의 콜라보레이션의 결과는 대성공이었다.

비교적 저렴한 값에 유명 디자이너의 옷들을 소비자들에게 판매해 한국 시장에서는 단 3일만에 6억 5천만 원이라는 놀라운 매출을 기록했다.

이 콜라보레이션을 통해 질 샌더는 성공적으로 복귀할 수 있었고, U사는 유명 명품 디자이너가 U사 디자인을 맡았다는 사실만으로 이미지를 한 층 더 업그레이드하는 효과를 얻을 수 있었다.

게다가, 유럽과 미국 시장 진출에 본격적으로 박차를 가했던 U사는 질 샌더와의 제휴를 통해서 해외 리테일러들에게 긍정적인 이미지를 구축하여 글로벌 유통망 확충에 유리한 고지를 선점할 수 있었다.

린킨 파크 & 트랜스포머

(린킨 파크와 로봇 액션의 화끈한 만남)

화려한 로봇들이 보여주는 현란한 액션으로 많은 관객들을 사로잡았던 영화, '트랜스포머'를 기억하는가?

수백만 관객들의 사랑을 받은 영화 '트랜스포머' 시리즈도 음악과 콜라보레이션의 결합이다.

트랜스포머의 콜라보레이션 상대는 미국 록밴드 '린킨 파크'로 이 둘의 만남은 '영화와 음악이 만나 역사상 최고의 시너지 효과를 낳았다.'라는 최고의 극찬을 받았다.

트랜스포머는 화려한 CG 액션 신을 바탕으로 전 세계에서 사랑을 받은 영화이지만, 린킨 파크의 시원한 락 음악이 없었다면 로봇들의 액션신의 화려함과 스토리를 통한 감동을 배가시킬 무언가가 부족하다는 느낌이 들었을지도 모른다.

린킨파크는 트랜스포머 2를 위해 'New Divide'라는 곡을 제작했다.

트랜스포머 시리즈의 영화 감독 마이클 베이는 "'New Divide'는 영화 안에서 극의 긴장을 고조시켜주는 완벽한 촉매제가 된다."고 극찬했다.

뿐만 아니라, 트랜스포머 음악 감독 스티브 자블론스키는 "린킨 파크의 음악에는 매우 풍부한 '영화 감각'이 있다. 그것이 나와 마이클 베이 감독이 계속 작업하는 이유다."라며 아낌없는 찬사를 보냈다.

이처럼 영화 트랜스포머는 린킨 파크 음악에 녹아있는 특유의 영화적 감각을 얻어 더 멋진 영화로 재탄생할 수 있었다.

그럼, 린킨 파크는 영화 트랜스포머와 콜라보레이션을 통해 무엇을 얻었을까?

무엇보다 린킨 파크는 자신들의 음악을 전 세계에 알릴 수 있었다.

그 결과로, <트랜스포머> 1편의 곡 'What I've done'은 미국에서만 3백만 건 이상의 다운로드 횟수를 기록했고, 빌보드 록 차트 1위에도 올랐다.

이 곡이 수록된 린킨 파크의 3집 'MINUTES TO MIDNIGHT'는 전 세계적으로 600만 장 이상이 팔린 흥행 기록을 세웠다.

경희궁 & 프라다

(경희궁과 프라다가 벌인 합작 프로젝트)

지난 2009년 서울 경희궁과 이탈리아 명품 패션 브랜드 프라다가 함께 공동 프로젝트를 진행했다.

이 프로젝트는 서울 중심부에 자리 잡고 있는 경희궁 앞뜰에서 6개월간 설치되는 '트랜스포머'라 불리는 특이한 건축물을 말한다.

이 설치 프로젝트는 미술, 영화, 패션, 문화 이렇게 4가지 이벤트로 나뉘는데 한 이벤트가 끝나면 4개의 면으로 이루어진 이 건축물이 회전하여 다른 모양으로 바뀐다.

전 세계 최초로 서울에서 진행되었던 프라다의 이 '트랜스포머' 행사를 통해서 서울시는 대한민국의 도시 서울과 16세기 조선시대의 역사적 상징물 경희궁을 전 세계로 널리 알릴 수 있는 계기를 얻을 수 있었다.

한편, 프라다는 한국의 역사가 담긴 경희궁 내에서 미술, 영화, 패션 등 다양한 이벤트 프로젝트를 시도해 새로운 이미지를 형성하고, 동서양 문화교류의 기회를 얻음과 동시에 많은 국내외 유명 인사들을 초청해 브랜드를 알리는 계기를 마련했다.

커피 전문점과 뷰티 살롱, 브랜드와 디자이너, 음악과 영화, 문화재와 브랜드와 같은 콜라보레이션은 그 영역을 가리지 않고, 트렌스 오버된다.

한 층 더 높아진 소비자들의 욕구를 충족시키기 위해서 새로운 모습을 보여줄 수 있는 콜라보레이션은 앞으로 더 많은 분야에서 활성화될 것으로 보인다.

하지만 그저 서로 다른 두 개의 '모임'으로 긍정적인 결과를 기대하기는 어렵다.

위의 콜라보레이션 사례들은 단순한 '모임'을 뛰어 넘어 전략적 '조화'를 이루어냈다.

악수를 하기 위해선 한 사람은 '왼손', 다른 한 사람은 '오른손'을 내밀어야 하듯이, 성공적인 콜라보레이션을 위해선 서로가 서로에게 기존의 모습을 한 단계 넘어선 긍정적인 모습을 줄 수 있어야 한다.

혼자서 했다면 얻어낼 수 없는 것을 위해 둘이 전략적으로 합쳐 그 이상을 만들어내야 '서로 다른 두 명의 조화로운 악수' 진정한 윈-윈 전략인 콜라보레이션으로 거듭날 수 있을 것이다.

5 헤어 미용실의 인테리어에 숨은 심리 마케팅과 Layout

1 INFORMATION

인포메이션! 살롱의 얼굴이다.

고객의 입장과 퇴실 시 반드시 거쳐야 하는 중요한 첫 장소이다. 사람에게서 첫 인상이 중요하듯 살롱의 첫 MOT(Moment of Truth)가 이루어지는 첫 번째 공간이다.

고객 입장 시 등록과 접수가 이루어지고, 퇴실 시에는 계산업무를 주로 담당한다. 또한, 고객 등록용 컴퓨터와 금전 출납, 고객 접수 양식 등 미용실 전체를 통제하는 중요한 곳이다. 따라서, 출입구와 가깝게 위치하여 고객 방문에 신경을 쓰되, 살롱 전반에 걸친 오퍼레이팅이 가능해야 하고, 시야 확보가 용이해야 한다.

마지막으로 고객의 시술 결제가 이루어지는 공간이므로 인포메이션 뒷편과 주변에는 고객들이 가장 선호하는 점판 제품을 비치하여 고객의 접근성을 높이는 것이 효과적이다.

또한, 고급 호텔과 콘도 인포메이션 테스크에는 의자가 비치되어 있지 않다. 데스크 안쪽의 의자를 빼고 고객을 접객하게 되면 MOT를 줄일 수 있다.

'진실의 순간', 즉 'Moment of Truth'는 원래 스페인 투우 용어인 'Momento de la Verdad'를 영어로 옮긴 것이다. 투우사가 소의 급소를 찌르는 순간을 의미한다. 황소의 삶과 죽음을 가르는 결정적인 찰나다.

후에 스웨덴의 마케팅 학자, 리차드 노만(Richard Norman)이 '기업과 고객이 만나는 순간이며, 고객이 기업을 평가하는 순간이다. 그 평가의 순간에 기업의 성패가 결정된다.'고 주장하며, 이 용어를 사용했다.

이 용어는 1980년대 초반에 스칸디나비아 항공(SAS)에 사장으로 부임한 얀 칼슨(Jan Carlzon)이 경영에 도입하며 유명해졌다.

직원들이 고객을 직접 응대할 때 평균 15초를 사용한다. 칼슨 사장은 이 15초가 회사의 이미지, 더 나아가 사업의 성패를 가르는 진실의 순간임을 강조하였다.

몇 년 후 스칸디나비아 항공은 국제적인 최우수 항공사로 선정되었다.

출처 : 7가지 보고의 원칙(남충희/황금사자/2011)

2 대기 공간

고객이 시술하기 전 대기하는 공간으로 편안함이 제공되어야 한다. 기다리는 동안 고객은 잡지를 보기도 하고, 휴식을 취하기도 한다.

과거에는 매장용 PC가 일반화되어 대기 고객의 이용이 많았지만 요즘은 스마트폰의 보급과 확산으로 개인 휴대폰 이용이 많아졌다.

따라서, 매장 내 와이파이를 설치하고, 공개로 설정하여 대기 고객의 스마트폰 이용을 확대하는 것이 좋고, 고객들이 사용하는 스마트 폰의 종류도 다양하므로 무료로 충전 서비스를 해주는 것이 좋다.

3 시술 공간

고객이 직접 시술 서비스를 받는 장소로 조도와 조명이 중요하다. 공중위생법규 규정상 미용실 실내의 조도는 100Lux로 되어 있으나, 실제 100lux는 고객 입장에서 다소 어두울 수 있다.

따라서, 국소 핀 조명을 이용하여 시술자의 눈의 피로도를 줄이고, 시술에 대한 생산성을 높일 수 있다. 이때, LED 조명을 설치할 경우 최초 시설 비용은 높으나, 전기료 절감 효과가 높아진다.

고객이 처음 시술 의자에 앉을 경우 팔걸이 부분이 철제로 되어 있는 경우 찬 느낌이 싫다고 토로하는 고객이 많다. 가급적 팔걸이 부분은 목재 소재로 되어 있는 시술대가 고객의 만족도를 높일 수 있다.

또한, 앞쪽의 시술대는 미용사의 제품을 올려 놓는 것 보다는 고객의 개인 물품을 놓을 수 있는 것이 좋고, 거울에 패키지 메뉴를 구성하여 부착할 경우 자연스레 프로모션으로 이뤄질 확률이 높다.

4 샴푸실

고객이 리테일용 샴푸를 체험하는 공간으로 인테리어 시작 전 전기 용량을 확인하고, 충분한 양을 증설해야만 더운 물의 사용이 많은 날에도 안심할 수 있다.

샴푸 전이나 후에는 반드시 다음 사항을 체크하여 고객의 불편을 해소한다.

1) 샴푸실 체크 사항 5

① 물의 온도는 적당한가?

② 고객님의 목 받침은 편안한가?

③ 고객님께 맞는 샴푸제를 선택하였는가?

④ 비누 거품이 남아 있지는 않았는가?

⑤ 고객님의 옷은 젖지 않았는가?

또한, 1 : 1 맞춤식 샴푸를 장려하여 고객에게 적합한 샴푸제로 만족도를 높일 수 있고, 샴푸실 입구에 다음과 같은 문구를 설치하는 것도 효과적이다.

샴푸 전 고객님의 평소 두피 상태와 모발 특성을 말씀해 주시면
고객님의 두피와 모발에 적합한 샴푸제로 샴푸 서비스 해드리겠습니다.

최근에는 탄산수를 이용하거나 헤드 스파기기를 통한 수압을 이용한 테라피가 미용실에도 많이 보급되었고, 피부관리실에도 와식 샴푸 도기가 설치되어 고객의 두피 관리를 효율적으로 하는 살롱도 증가하고 있다.

5 화장실

"그 나라의 경제 사정을 알려면 시장을 가고, 그 살롱의 수준을 알려면 화장실로 가라!"

큰 평수의 살롱인 경우 화장실이 내부에 설치되어 있는 경우가 많다. 그럴 경우 특히 더 위생이나 청소에 신경을 써야 한다. 여성 고객들만 이용하는 화장실이 내부에 있는 OO미용실의 경우 여성 용품을 비치하여 고객의 편의를 높이고, 1회용 위생 페이퍼를 권장하는 살롱도 많아졌다.

미용실이나 관리실 내부적으로 볼 때 디자이너나 관리사들은 화장실 청소를 기피하는 경우가 많아 조금만 신경쓰지 않으면, 살롱 전체의 이미지를 실추시킬 수 있다.

또한, 인테리어 전 반드시 환풍이나 정화조 시설을 꼼꼼히 체크하여 고객의 불편을 사전에 없애야 한다.

큰 스님의 지혜

현명한 큰 스님이 젊은 스님을 제자로 받아들였답니다. 그런데 제자는 모든 일에 뭔 불만이 그리 많은지 늘 투덜거렸답니다.

그래서 어느날 아침, 큰 스님은 제자를 불러 소금을 한 줌 가져오라 해서 그 소금을 물컵에 털어 넣게 하더니 마시라고 했습니다. 큰 스님이 물었습니다.

"맛이 어떠냐?"

"짭니다."

큰 스님은 다시 소금 한 줌을 가져오라 하시더니 근처의 호숫가로 제자를 데리고 가더니 이번에는 소금을 호숫물에 넣고 휘휘 젓게 하였답니다.
잠시 뒤 큰 스님은 제자에게 호숫물을 한 컵 떠서 마시게 했습니다.

"맛이 어떠냐?"

"시원합니다."

"소금 맛이 느껴지더냐?"

"아닙니다."

그러자 큰 스님이 말했습니다.

"인생의 고통은 순수한 소금과 같다. 하지만, 짠 맛의 정도는 그 고통을 담는 그릇에 따라 달라지는 것이다. 지금 네가 고통 속에 있다면 스스로 물컵이 되지 말고, 호수가 되어라."

"그늘이 넓은 나무 밑에는 새들이 모이고 가슴이 넓은 사람 밑에는 사람들이 모인다. 사람을 얻을 때 욕심으로 얻을 수도 있고, 마음으로 얻을 수도 있다. 그러나 욕심으로 얻으면 그 사람의 욕심을 얻고, 마음으로 얻으면 그 사람의 마음을 얻는 것이니라..."

6 심리학을 바탕으로 한 경제 이론

1 죄수의 딜레마

'죄수의 딜레마'는 심리 이론의 한 가지로 경제 심리학이라고 표현할 수 있다.

먼저, 죄수의 딜레마 내용에 대해 알아보자.

두 명의 범죄자가 잡혔으나 입증할 수 있는 증거가 없고, 이 둘의 자백만이 유일한 증거가 될 수 있다.
이 때, 경찰 측은 죄수를 각각의 방에서 개인 심문을 하면서, 서로의 진술 내용을 일치시키지 못하게 방지한다.

그리고 나서 각각의 죄수에게 다음과 같은 제안을 제시한다.

① A가 혐의를 자백하고, B가 혐의를 부인하면 A는 불기소 및 즉각 석방한다. 그러나, 혐의를 부인한 B는 9년형을 선고 받는다.

즉, 어느 한 사람이 자백하고, 어느 한 사람이 부인하면 한 사람은 모든 죄를 용서받고 한 사람은 모든 죄를 뒤집어 쓴다.

② A와 B 모두 자백하면 두 사람은 각각 5년형을 선고 받는다.

③ A와 B 모두 혐의를 부인하면 각각 1년형을 선고 받는다.

형사의 제안이 끝난 바로 이때에 혐의를 받은 두 사람은 각각의 방에서 어떤 선택을 할지 고민하게 된다.

그러면서 최선의 선택에 대한 게임 상황이 발생한다. 이 상황에 대해 내쉬는 균형이론으로서 설명한다.

즉, 참가자(혐의자)들은 이 게임 안에서 상대방이 선택할 전략을 예측할 수 있기 때문에 자신에게 유리한 선택을 하게 될 것이므로 A, B 각자에게 가장 유리한 5년형(모두 자백)을 선택할 것이라고 말한다.

그러나, 이때 생겨나는 딜레마라는 것은 혐의자의 선택에서의 딜레마가 아니라 최선 또는 균형에 대한 딜레마다.

> 즉, 둘은 모두 자백함으로써 선고받은 형의 총합은 10년이 되었다.
> 그러나, 한 쪽이 자백하고 한 쪽이 혐의를 부인하면 총 9년이고, 둘 모두 혐의를 부인하면 총합 2년이다.

최선의 선택이라고는 하나 결과적으로는 최악의 결과인 것이다.

죄수의 딜레마 안에서 내쉬 균형이론이 말해주는 것은 결국 각자에게는 최선의 선택이었으나 결과적으로는 최악의 상황이 도출된다는 것이다.

다시 말해 각자의 이익만을 추구하는 행동을 했기 때문에 전체적인 이익에서는 손해를 보게 된 것이다.

따라서, 경제를 규제하지 않고 각자의 이익만을 보도록 내버려 두는 것(애덤 스미스의 보이지 않는 손)은 개인의 이익에는 좋을 수 있으나 사회 전체적인 이익에는 손해를 끼칠 수도 있다고 해석할 수 있는 것이다.

2 게임이론

이런 죄수의 딜레마 같은 사례를 게임이론이라고 한다.

게임이란? 어떤 규칙을 정해놓고 승부를 겨루는 것인데 경제학적인 의미에서의 게임이라 함은 간단하게 말하면 '시장'이라는 게임장에서 경제적으로 이익을 달성하기 위해 참여한 '참가자(기업, 개인)'들이 합리적으로 선택하는 행동이라고 볼 수 있다.

게임이론이라 함은 경제시장 내에서 기업 또는 이익을 보려는 행위를 하는 개인들이 자기 이익을 달성하기 위해 어떤 수단을 선택하게 될 때 어떤 방식으로 선택하는가를 분석하는 경제이론이다.

즉, 각각의 경제적인 행위를 하는 집단 또는 개인이 상대방보다 더 많은 이익을 얻기 위해 어떤 수단을 선택하고 행위를 하는가를 분석하는 것이다.

이때, 서로의 이익이 상충되는 경쟁적인 조건에서 경쟁자들 간의 경쟁상태를 모형화한 후에, 이러한 경쟁 구도에 참여하게 되는 참여자들의 행동 또는 행위를 분석하여 최적화된 전략 선택을 하게 된다는 것을 이론화하려는 것이 게임이론의 목적이라고 할 수가 있다.

게임이론은 제2차 세계대전 당시 군사전략적인 이론에서 생겨나 점차 현재의 경제적인 부분에서의 게임이론으로 발전되었다고 한다.

지금은 경제를 비롯한 심리학에까지 적용되는 부분이지만 사실 최초의 게임이론은 군사전략 이론의 한 부분이었던 것이다.

3 제로 섬(Zero-Sum)

제로 섬은 말 그대로 어느 한쪽이 얻은 이익과 다른 한쪽이 얻은 손해의 총합이 결국 제로라는 이론이다.

이 이론의 의미는 어느 한쪽이 이익을 얻기 위해서는 다른 쪽이 반드시 손해를 보아야 하며, 다른 쪽이 손해를 보면 반드시 다른 한쪽이 이익을 본다는 것이다.

예를 들어 가위바위보를 100번 이상 계속해서 합산한다면 결국 이기는 사람의 확률과 지는 사람의 확률이 비슷해져 결국 제로가 된다는 것이다.

4 치킨 게임

영어로 치킨은 '닭'이라는 뜻도 있지만 비속어로 '겁쟁이'라는 뜻도 가지고 있다. 치킨게임에서 치킨은 바로 비속어인 겁쟁이에서 나온 말이다.

치킨 게임은 1950년대 미국의 젊은층에서 유행했던 한 자동차 게임에서 나온 것인데, 도로의 양쪽에서 두 사람이 차를 몰고 정면으로 돌진하다 충돌 직전에 핸들을 꺾는 사람이 지는 위험한 게임이다.

한마디로 충돌 직전에 핸들을 꺾는 사람은 겁쟁이고, 겁쟁이가 되지 않으려면 핸들을 꺾지 말아야 하는 것이다.

결과적으로 핸들을 꺾지 않고 직진을 하게 되면 둘 다 사망하게 되거나 크게 다치게 된다.

이것을 경제 이론으로 적용시킨다면, 경쟁하는 두 기업이 있다고 가정했을 때 이 두 기업이 한치의 양보도 하지 않고, 극단적인 경쟁 상태로 치닫게 될 경우 모두 망하게 된다.

주변에서 흔히 볼 수 있는 경제적 경쟁의 예로 심한 가격 경쟁을 들 수 있다.

치킨게임은 소련과 미국이 냉전시대에 군비 경쟁을 굉장히 심하게 했던 것을 비꼬는 말로 사용되었다가 지금은 여러 가지 경쟁 상황이 극단적으로 치닫는 상황을 이르는 말로 종종 인용된다.

5 베블런 효과

보통의 상품은 수요의 법칙(Law of demand)에 따라서 가격이 비싸질수록 수요는 줄어든다.

하지만, 베블런(Veblen) 상품은 가격이 비싸질수록 오히려 그 상품에 대한 사람들의 선호도가 커지게 되는 상품을 말한다.

예를 들면 모피 코트나 여성의 가방 등 명품과 같은 사치품을 생각하면 쉽게 이해할 수 있을 것이다.

보통의 경우는 제품 품질이 높을수록 그에 비례해서 합당한 가격이 형성되기 마련이다.

베블런 효과가 일어나는 이유는 역으로 비싸게 책정된 제품의 가격을 보고 제품을 훌륭한 것으로 판단하게 되는 인간의 허영심과 어리석음 때문이다.

제품이 좋으면 가격이 높게 성립된다. 하지만, 역으로 가격이 높다고 반드시 제품이 좋은 것도 아니다.

애초에 인간에게 이성적, 합리적 판단 능력은 매우 보잘 것 없는 것에 불과한 것이라는게 베블런 상품을 보면 쉽게 알 수 있다.

인간이 합리적이고, 이성적인 존재라면 훌륭한 제품인지를 판단하기 위해 제품의 기능, 디자인, 내구성 등을 총체적으로 고려하여 결론을 내릴 것이다.

하지만, 합리성과 이성이 결여된 인간이란 존재는 역으로 제품의 높은 가격을 보고 훌륭한 제품 또는 명품으로 간주하게 된다.

인간은 이성의 동물이 아니라 어리석은 감성의 지배를 받는 동물이다. 이것이 불변의 진리라는 것을 아주 잘 보여주는 단적인 예가 베블런 효과이다.

6 풍선 효과

풍선의 한 곳을 누르면 누른 곳은 작아지지만 다른 곳이 크게 부풀어 나는 것처럼 특정 분야의 문제를 해결하면 또 다른 문제가 생겨나는 현상을 말한다.

풍선 효과는 미국에서 유래되었는데 외국에서 밀수입되는 마약 문제로 골머리를 앓던 미국 정부가 마약 수입 의심국으로 지목된 몇몇 중남미 국가에 대해 통관 절차를 대폭 강화하는 등 강력한 단속 작업을 벌였다.

미국 정부는 이같은 강력한 조치로 인해 미국 내 마약 거래가 사라질 것으로 기대했었지만 마약 밀매업자들이 미국의 단속을 피해 또 다른 남미지역으로 옮겨 미국내 마약 반입을 계속하게 되었다.

7 심리적 증후군과 노이로제

1 증후군이란?

원인이 불분명한 증상의 징후

2 증후군의 종류

1) 아스퍼거 증후군

① 발달 장애의 일종으로 출산 시의 극심한 스트레스가 원인 혹은, 유전적으로 영향을 받기도 함

② 하지만, 언어 장애 같은 부분은 보이지 않아 뒤늦게 발견되고, 의사소통의 어려움, 사회성이 부족한 경우의 증후군이다.

③ 반면에 특정 분야에서 뛰어난 능력을 보이기도 한다.

④ 원활한 사회 활동과 적응을 위해 주 2회 정도 치료하는 것이 적합

아스퍼거 증후군의 특징

1. 가장 친한 친구가 없다.
2. 주변 사람들에게 따돌림을 당하여 또래들과 잘 어울리지 못함
3. 공감대 형성이 어려워 색다른 언어나 표현을 만들어냄
4. 목소리 톤이나 말투가 다른 사람에 비해 특이함
5. 고지식하고 황당한 말을 자주함

2) 무드셀라 증후군

① 좋은 추억만 기억하고 좋은 기억만 남기려고 하는 증후군

② '무드셀라'는 성경에 기록된 최장수 인물로 969년을 살았다는 기록이 있다.

3) 자이카르니크 증후군

① 결과보다 과정이 더 기억에 강하게 남아있는 증후군

② 완성에 대한 기억보다 미완성에 대한 기억이 더 오래 남음

4) 스마일 증후군

웃고 있는 얼굴 뒤에 마음은 절망감으로 우는 심리를 가진 증상으로 가면 우울증이라고도 한다.

5) 스톡홀름 증후군

인질로 잡힌 사람이 인질범에게 연민이나 동정을 느껴 인질범의 심리에 정신적인 동화가 이뤄지는 증후군

스톡홀름 증후군의 기원

1973년 8월 23일부터 8월 28일까지 스웨덴 스톡홀름 노르말름스토리(Norrmalmstorg)의 크레디트반켄(Kreditbanken) 은행에서 자동소총으로 무장한 2명의 강도가 131시간 동안 은행 직원 4명을 인질로 잡았던 노르말름스토리 사건에서 이름을 따왔다.

처음에는 인질들도 범인들을 두려워 하였으나 시간이 흐르면서 범인들에게 정서적으로 동화되었고, 자신들을 구출하려는 경찰들을 적대시하였다. 6일 동안 인질로 잡혔다가 풀려났을 때에는 인질범들에게 불리한 증언을 하지 않았다.

특히, 협상과정 중 한 여성 인질은 스웨덴 수상과의 전화에서 경찰의 공격에 맞서 자신들을 보호하는 것이 오히려 인질범이라고 주장하고, 심지어 성관계까지 가졌다고 하였다. 이에 대해 범죄심리학자인 닐스 베예로트(Nils Bejerot)가 뉴스 방송 중에 이 현상을 설명하면서 '스톡홀름 증후군'이라는 용어를 처음으로 썼다.

6) 리마 증후군

① 스톡홀름 증후군과는 반대로 인질범들이 인질에게 정신적으로 동화되면서 자신을 인질과 동일시하고, 결과적으로 공격적인 태도가 완화되는 증후군

② 1996년 페루 리마에서 발생한 일본 대사관저 점거 인질 사건에서 유래

7) 아도니스 증후군

① 속칭 왕자병, 나보다 잘난 놈이 있으면 짜증나는 증후군

② 아도니스 콤플렉스 : 현대 사회에서 남성들이 외모 때문에 갖는 강박관념, 우울증 등을 지칭

8) 코르샤코프 증후군

과도한 알코올 섭취로 인해 잠시 기억 상실증에 걸린 상태

ex. "술을 너무 많이 마셔서 필름이 끊겼다. 전혀 기억에 없어"

9) 상심 증후군

① 사랑하는 사람을 잃었을 때 흔히 보이는 증세

② 아드레날린과 호르몬의 과다 분비로 인해 심장의 펌프 기능이 현저히 저하됨

③ 가슴이 터질듯한 아픔을 느끼게 되고, 숨쉬기 조차 곤란하게 되는 병적인 증후군

10) 이별 증후군 : 언어 장애

이별의 충격에 의해 나타나는 언어 장애로서 사랑에 대한 단어라던가 연인과 즐겨쓰던 단어들을 발음하려면 막대한 정신적 고통을 느끼는 현상

11) 순교자 증후군

① '무드셀라 증후군'과 반대로 자꾸 나쁜 기억만 하게 되며, 무엇이든지 부정적으로 생각하게 되는 증후군

② 자기가 희생자라고 생각하며, 심하면 병적으로 자기 학대까지 함

12) 비전상실 증후군

그저 그런 일상 속 특별하게 잘난 것은 없지만, 안일한 생각에 빠져 지금 자기가 어디에 있으며, 어디로 가고 있는지 망각한 채 그럭저럭 하루를 보내는 증상

13) 배덕 증후군

① 다른 사람에게 피해를 주어도 아무런 죄책감을 느끼지 않는 증후군

② '사이코패스'도 이 증후군을 가지고 있는 사람을 부르는 말로, 반사회적 인격 장애, 정신 결여자라고도 한다.

14) 렌미스페셜 증후군

'나는 남들과 달라.', '나는 사람들 사이에서 유독 튀어' 자신의 처지를 잊어버리고 다른 사람들 사이에서 눈에 띄고 싶어하는 증상

15) 상승 정지 증후군

인생의 목표를 세워 놓고 끝없이 전진하던 사람이 어느 날 더 이상 올라갈 데가 없다고 생각될 때 느끼는 허무하고 공허한 심리적 현상

16) 리셋 증후군

컴퓨터가 말을 듣지 않을 때 리셋 버튼을 누르면 시스템이 다시 살아나는 것처럼 자기 마음에 들지 않는다는 핑계로 지금까지 벌여놓은 일이나 인간 관계들을 다시 시작하려는 증후군

17) 에반스 증후군

① 신체가 적혈구, 혈소판, 백혈구 등을 파괴하는 희귀한 자기 면역 혼란 증상
② 증상은 경우에 따라 다르게 나타남
③ 환자는 여러 가지 증상들을 모두 나타내기도 하며, 한두 가지만을 나타내기도 한다.
④ 자기 신체가 자신을 파괴하는 슬픈 증후군

18) 바넘 효과

"점괘는 매우 일반적이라서 점술가들이 하는 얘기가 다 맞는 것 같다." 이렇듯 일반적인 점괘가 자신을 묘사하는 것이라고 받아들이는 현상

19) 하인드 펙토리 버레드 증후군

① 갑자기 기분이 좋아지거나, 갑자기 기분이 나빠지는 현상

② 강한 집착을 가지고 있는 사람들에게 많이 나타나는 증상

20) 인간성 프로먼트 증후군

① 한 달에 하루, 28일마다 스스로가 죽는다고 믿는 현상

② 매달 28일마다 "나는 내일이면 죽을 거야."하는 말과 함께 계속해서 자신의 사진을 남겨두는 증후군

21) 리스트 컷 증후군

① 타인에게 받은 극심한 스트레스를 자신에게 공격적 행동을 가함으로써 해소하려는 일종의 자해 행위

② 이들은 자해 행위를 반복적으로 행하며, 죽기 위해 손목을 긋는 것이 아니라, '살아 있음'을 느끼기 위해서 또는 순간의 '해방감'을 느끼기 위해 자해를 한다고 한다.

③ 관심 받고, 이해 받고 싶어하는 증후군

3 노이로제

1) 노이로제의 증상

① 정신적 증상

② 신체적 증상

2) 히스테리

노이로제 중에서도 환자 자신이 고통을 호소하는 것으로 신경쇠약이나 경증의 정신병처럼 인식하고 있지만, 정신병과는 근본적으로 다르다는 의견이 지배적이며 70여년 전부터 노이로제가 히스테리로 불림

3) 신경 쇠약의 종류

① **급성 신경 쇠약** : 며칠 동안의 요양과 휴양만으로도 원상 회복 가능

② **만성 신경 쇠약** : 심기증, '건강 염려증'이라고 부르고 있는데 일종의 공포증으로 볼 수 있음

4) 정신 쇠약 : 공포증 + 강박 신경증

어떠한 관념에 사로잡히거나, 자신은 생각지 않으려고 애쓰지만, 터무니없는 생각이 항상 머리에 떠올라 괴로움을 겪는 병을 일컬어 강박 신경증이라고 하며, 이 공포증과 강박신경증을 합하여 정신 쇠약이라고 한다.

5) 불안 신경증

① 자기가 두려워하고 무서워하는 대상이 뚜렷하지 않고 다만 무엇인지 모르게 불안해 하는 증상만을 가진 경우

② **증세** : 발작적으로 일어나지만 불안이 아주 고정되어 버리거나 반복되는 수도 있다.

6) 노이로제의 발생 원인

① **외상성 신경증** : 가령 교통 사고로 외상(外傷) 뒤에 일어나는 증상

트라우마 : 재해를 당한 뒤에 생기는 비정상적인 심리적 반응

② **심적 기제** : 전쟁 때 일선의 군인에게 많이 발생하는 전쟁 신경증 등 다양한 개인별 심적 기제를 통해 발생

7) 노이로제의 공통점

① 신체나 기관 자체에는 아무런 이상이 없고 오직 그 기능에만 장애가 있다.

② 민감하다. 즉, 정동긴장(情動緊張)이 높아져서 일상 생활에 필요한 사물에만 예민한 것이 아니고 하찮은 일이나 무시해야 할 일에도 남달리 민감하다.

③ 과잉 자아 의식이 있다.

좌뇌와 우뇌의 기능 비교

좌뇌의 기능	우뇌의 기능
말을 하거나 계산하는 식의 논리적인 뇌의 기능을 관장	음악을 듣거나 그림을 보거나 어떤 이미지를 떠올리는 뇌의 기능 관장
언어적 : 이름 기억을 잘 함, 대화 시 단어를 더 많이 사용, 언어적인 자료의 기억, 언어적 정보의 학습에 익숙	비언어적(시각적) : 얼굴 기억을 잘 함, 대화 시 신체 언어 사용, 음조적인 자료의 기억, 경험적–활동적인 학습에 익숙
분석적(논리적) : 체계적인 방법으로 문제 해결, 논리적인 생각과 행동	직관적(은유적) : 직관적 판단에 의해 문제 해결, 유머스런 생각과 행동
논리적 추리를 통한 학습, 수학 학습에 익숙	공간적 : 기하학적 학습, 공간적–시각적 과정을 통한 학습에 익숙
이성적, 인지적 : 감정억제, 지적, 기존의 것에 개선 선호, 사실적–현실적인 것 선호	감정적, 예술적 : 감정 발산, 창조적, 새로운 사실 발견을 선호
귀납적, 논리적, 분석적, 추상적, 상징적	창의적, 직관적, 시–공간적, 구체적, 연역적, 확산적
남성적, 공격적, 능동적, 여성에서 더욱 전문화 된 것	여성적, 수동적, 신비적, 예술적인 면, 남성에서 더욱 전문화된 것
신체의 우측, 기억을 통한 운동의 언어적 표현	신체의 좌측, 공간적 운동

부록

1 20C 심리학을 발전시킨
대표적인 심리학자와 주요 이론

2 MBTI

미용 상담 심리 마케팅

1 20C 심리학을 발전시킨 대표적인 심리학자와 주요 이론

1. 플라톤(BC 427~347)

현대의 과학적 심리학이 출현하기 전에도 인간은 인간의 심리와 행동에 관심이 많았다. 인간에 대한 지식이 인간이면 누구나 가질 수 있는 일상적인 경험, 사고, 관심과 같은 상식 수준을 넘어 체계적으로 지식화하여 하나의 형태를 갖추기 시작한 것은 그리스 철학부터이다.

플라톤에게는 경험을 떠난 법칙, 관념, 형상, 우주가 존재하고, 지식이란 생득적이라고 생각하는 생득론자였으며, 지식은 이성을 통해서만 사용이 가능하다고 보는 이성주의자였다.

또한, '아카데미'라는 용어는 '전문가 육성을 위한 훈련 기관'이나 '전문가들로 구성된 학술 단체'를 뜻한다. '아카데미'의 이러한 의미는 '플라톤의 아카데미'에서 유래한 것으로 알려져 있다.

초기의 심리학은 주론 논리와 사고를 바탕으로 한 철학과 수학의 기초 위에 형성되었다.

2. 아리스토텔레스(BC 384~322)

플라톤의 제자이면서 동시에 알렉산더의 스승으로 유명하다. 플라톤에게 경험적 정보는 본질을 왜곡시키고 믿을 수 없는 것에 불과했지만 아리스토텔레스에게 경험적 정보는 모든 지식의 기본이었다.

특히 기하학을 발전시켰으며 철학자이자 수학자로도 유명하다.

아리스토텔레스는 감각적 경험에 의해 획득된 이데아 즉, 관념이 다른 관념을 자극함으로써 세상에 대한 지식을 얻게 된다는 연합의 법칙을 주장하였다.

연합의 법칙은 유사한 자극 간의 연합, 반대되는 자극 간의 연합, 시-공간적으로 인접한 자극 간의 연합, 자극들이 함께 경험되는 수가 증가할수록 늘어나는 연합으로 구분된다.

이러한 네 가지 연합의 법칙에 따라 인간이 세상을 알게 된다는 인식론은 후에 행동주의를 비롯한 과학적 심리학의 기본 원리가 되었다.

3. 분트(1832~1920)

철학으로부터 심리학이 현대의 과학적 심리학으로 독립한 시점을 꼽으라면 독일의 의사, 생리학자, 철학자, 심리학자였던 분트를 출발점으로 한다.

분트의 심리학은 '직접 경험의 학문'이었다. 자연 과학은 경험 중에서 경험 주체를 제거하고, 그 대상만을 취급하는데 비해 심리학은 경험의 주체를 포함한 직접적인 경험을 취급한다.

따라서, 심리학의 근본적인 연구 방법은 현실의 자기를 관찰하는 '자기관찰'이 되어야 한다. 이러한 자기 관찰은 후에 분트의 연구방법인 '내성법'의 근간이 되었다.

① **자기 관찰의 수단인 실험법** : 연구하려는 과정과 대상인 감각, 정서, 심상을 임의로 일으키거나 변화시켜 관찰하는 방법

후에, 티취너에 의해 현대 심리학 방법론의 근간이 됨

② **민족 심리학적 방법** : 관찰자의 간섭 없이 성립한 언어, 신화, 종교, 풍습, 예술 등의 발달을 인과적으로 분석함으로써 인간과 사회를 이해하려는 것

4. 제임스(1842~1910)

미국 심리학의 제창자

"사람들은 눈물이 흐르기 때문에 슬프고, 심장 박동이 빨라지기 때문에 두렵다."

즉, 사람들은 생리적 반응을 인식하고 난 다음에 비로소 정서를 경험한다는 것이다.

자극 ▷ 정서 ▷ 신체 변화가 아닌 자극 ▷ 신체변화 ▷ 정서

5. 티취너(1867~1927)

심리학 최초로 학파를 구성 ▷ 구성주의 심리학

자신의 심리학을 기능주의에 대립되는 구성주의라고 칭하고, "존재하는 것을 연구하는 것이지, 무엇 때문에 존재하는가?"는 문제 삼지 않음

과학은 몰가치적이어야 한다고 주장하면서 심리학도 과학인 이상 의식적 대상을 있는 그대로 관찰하고 기술해야 하며 그 선악, 진위와 같은 가치·의미·용도가 문제가 되어서는 안 된다고 주장함.

이는 티취너의 심리학을 '실존주의적'이라고 부르는 이유 중 하나임

(1) 티취너에 대한 상반된 두 가지 평가

① **비판** : 의식의 구조와 내용에만 얽매이고 심리와 의식의 세계를 지나치게 환원론적으로 분석하려고 함으로써 의식의 실제적인 존재 가치를 파괴했다고 비난

② **찬사** : 최초의 심리학파를 형성함으로써 다른 심리학파의 발전을 가져 옴

6. 크레펠린(1856~1962)

상담 심리학과 임상 심리학 분야를 수리적으로 집대성한 학자로 유명. 적성 검사 중 아라비아 숫자가 나열된 숫자판을 더해 나머지를 쓰고, 나머지가 10을 넘을 경우 끝자리만 기록하는 테스트를 개발함

특히 병의 분류는 거의 그의 학설을 따르고 있으며 정신질환도 원인, 발병기전, 병리, 임상 증상, 경과 및 예후를 가지고 있다고 주장함

7. 맥도걸(1871~1983)

① 인간의 사회적 행동은 '본능'이라고 주장

② **맥도걸의 11가지 본능**

도피, 반발, 호기심, 투쟁, 복종, 자기주장, 친교, 생식, 군거, 획득, 건설

③ 인간의 이러한 본능을 사회 심리학의 기초로 삼았으며, 모든 사회 현상을 설명하는 기초로 삼음

8. 비네(1857~1911)

요즘 지능의 척도로 일컬어지는 IQ테스트를 개발함

비네의 검사가 개발되자 다른 나라에서도 지능 개발 검사에 관심을 갖기 시작하여 1916년 미국판 표준화 검사가 완성되었는데 이를 '스텐포드-비네' 검사라고 지칭 함.

우리나라에서는 1970년 고려대학교에서 '고대-비네' 검사로 표준화하여 활용되고 있음

9. 로르샤흐(1884~1992)

애매모호한 잉크 반점 그림을 보여주고 무엇이 연상되는지를 말하도록 하는 심리검사를 고안한 스위스의 정신과 의사

잉크반점 검사법은 대표적인 투사법 심리검사로서 투사법은 모호한 그림속에 사람들의 무의식이 투사되어 나오는 것을 해석하는 기법이다. 신뢰도와 타당성에 약간의 문제가 있기는 하지만 유용성 측면에서는 대단히 높다.

10. 파블로프(1849~1936)

종을 치면 침을 흘리는 개의 실험으로 유명한 조건반사를 연구한 학자로 유명하다.

과학이란 어떤 사람의 일생을 요구하는 것이기 때문에 자신의 일에서 그리고 진리를 찾아가는 탐구에서 항상 열정을 가져야 한다고 주장하며, 과학과 심리학 연구에서의 윤리성에 대해서도 경고한 바 있다.

11. 손다이크(1874~1949)

사람들은 어떤 일을 시도하고 실패하면서 세상을 배운다. 그렇게 세상을 배우는 원리를 '시행착오 학습'이라고 하는데 이른바 이 시행착오 학습을 체계적으로 연구한 학자이다.

1989년 '동물지능–동물연합과정의 실험적 연구'를 통해 동물이 시행착오와 우연적 성공을 통해 올바른 행동을 학습한다는 사실을 밝혀냄

12. 비고츠키(1896~1934)

마흔도 채 되지 않아 요절한 천재 심리학자로 다양한 심리학적 접근 중 변증법적 접근을 토대로 아동 발달 이론을 발전시킴

(1) 아동 발달 이론의 구분

① 학습이론, 정보처리이론, 지적발달이론, 사회학습이론, 정신분석이론, 사회 및 성격발달 이론

② 1980년대 이후의 정보처리이론, 변증법적 접근, 생태학적 발달이론

13. 크레츠머(1884~1964)

성격을 체형에 따라 연구하기 시작함

(1) 성격 심리학 연구의 구분

① **특성 이론** : 성격을 단면적인 상태로 이해하려는 연구

② **과정 이론** : 성격이 어떻게 형성되고, 어떻게 발달하고, 그 성격들이 생활에서 어떤 기능을 하는지를 연구

(2) 크레츠머의 체형과 성격과의 상관 관계

① **마른형** : 분열기질

② **비만형** : 조울기질

③ **투사형** : 전간기질

14. 왓슨(1878~1958)

의식의 구조와 기능을 강조하는 구성주의와 기능주의 심리학에 대한 극단적인 반발로 행동주의를 주창함. 따라서 인간의 의식을 전면적으로 부정했고, 단지 행동만을 연구하고 그러한 행동을 요소로도 분석할 수 있다고 주장

(1) 행동주의의 특징

① 심리학은 의식의 존재와 기능을 무시하고, 행동만을 다루어야 한다.

② 인간의 행동을 이해하기 위해서는 동물을 실험대상으로 할 수도 있음

③ 인간의 행동은 자극과 반응으로 이루어지며 행동의 궁극적인 요소는 반사라고 봄. 그래서 요소론적 행동주의라고도 하며, 자극은 감각기관의 작용이며, 반응은 근육운동과 선의 분비이기 때문에 행동에서 중요한 것은 말초기관이라고 해서 말초주의 심리학이라고도 함

④ 환경에 대한 인간의 전체적인 반응을 다룸

15. 프로이트(1856~1939)

정신분석적 심리학자인 프로이트는 기본적으로 인간의 모든 행동이 무의식적인 과정에 의해 지배된다고 가정하였다. 무의식은 주로 충동, 욕구, 공포, 원망, 공격성, 성욕과 같은 원초적 본능이다.

인간의 심리와 행동을 지배하는 무의식은 빙산의 대부분이 물에 잠겨 있듯이 정신 세계의 밑바닥에 자리잡고 있다.

현대에도 많이 쓰이는 꿈의 해몽과 해석, 최면법에 의한 히스테리 치료, 정신질환 치료는 물론, 과학수사의 영역에도 널리 사용되고 있다.

(1) 프로이드 심리학의 3가지 기본 가설

① 정신결정론

② 무의식 가설

③ 목표지향가설

(2) 프로이트의 정신분석 구분

① 융의 분석 심리학

② 아들러의 개인주의 심리학

16. 아들러(1870~1937)

현대의 임상 심리학과 성격 심리학 발달에 많은 영향을 끼쳤으며, 의식적이고 합리적인 정신과정에 대해 관심을 가지고 자아 심리학을 발전시켰다.

열등감은 자기가 남보다 열등하다는 감정이다. 사람은 출생 직후 누구나 무력감을 가지는데 불행한 환경에 놓이거나 부적당한 취급을 받거나 신체 장애 때문에 그 무력감이 증가되어 열등감이 생긴다고 주장함

사회적 요인이 성격에 미치는 영향을 강조하면서 개인의 출생 순위가 생활 양식의 형성에 중요한 영향을 미친다고 주장

인간은 능동적으로 자신의 성장과 미래를 지시하고 창조하는 존재.

(1) 아들러가 주장한 아이의 출생 순위와 성격

① **첫째 아이** : 태어나서는 가장 많은 사랑을 받지만 곧 폐위된 왕처럼 마음의 상처를 받을 수 있다.
그 결과 첫째 아이는 스스로 고립해서 적응해 나가며, 다른 사람의 애정이나 인정을 얻고자 하는 욕구에 초연하여 혼자 생존해 나가는 독립적인 성격을 갖게 된다.

② **둘째 아이** : 형이나 누나와 같은 속도 조절자가 있기 때문에 그들을 능가하려는 경주를 하고 첫째보다 훨씬 빨리 말하고 걷기 시작한다. 그 결과 경쟁심이 강하고, 대단한 야망을 가지는 성격이 된다.

③ **막내 아이** : 응석받이가 되거나 귀찮은 존재. 독립심이 부족하거나 열등감을 경험할 수도 있지만 위의 형들을 능가하기 위해 가족 중에 가장 야망있는 아이가 되고, 때로는 혁명가가 되기도 한다.

17. 융(1875~1961)

'콤플렉스'라는 말을 처음으로 심리학에 도입하여 개념화하였다. 프로이트의 제자이면서, 프로이트가 비정상적인 심리에 관심을 가진 것과는 달리 융은 심리학, 심리치료, 종교, 신화, 사회문제, 예술, 문학, 점성술, UFO에 이르기까지 다양한 분야에 관심을 가졌다.

특히, '상징주의'에 관심을 가짐으로써 무의식의 영역을 개인 무의식에서 집단 무의식으로까지 확장시켰다.

모든 사람들이 똑같지 않은 것에 대해 그들의 세계에 대한 태도가 합리적이냐 혹은 비합리적이냐 하는 점에서 다르다는 것을 발견했는데 이것은 후에 MBTI의 기본 바탕이 되었다.

18. 프롬(1900~1980)

프로이트와 마르크스 주의를 잘 조합시키며 접근 방식을 모색

(1) 프롬의 건강한 성격 '생산적인 지향 유형' 4가지

① **생산적인 사랑** : 네 가지 요구되는 특성인 보호, 책임, 존중, 이해를 포함하기 때문에 상당한 노력을 기울여야만 하고 에로틱한 사랑으로 제한되는 것이 아니라 형제애 또는 모성애까지 포함된다.

② **생산적인 생각** : 지력, 이성, 객관성을 포함한다. 사상가들이 모든 문제를 객관적으로 평가하기 위해 보호, 존중, 관심에 의해 유발되는 생산적인 생각은 모든 위대한 발견, 통찰력과 관련이 있다.

③ **행복** : 생산적인 지향에 따른 생활의 결과물. 사람들이 느끼는 행복은 '삶이라는 예술'에 얼마나 성공했느냐에 대한 증거이며, 행복은 가장 위대한 성취라고 했다.

④ **양심** : 법과 금지에 의한 권위주의적인 양심은 생산 지향적인 삶과는 정반대이며, 자아의 완전한 기능과 성장을 막는 행동을 한다.

(2) 프롬의 인간의 5가지 욕구

① 관계의 욕구

② 초월의 욕구

③ 소속의 욕구

④ 정체에 대한 욕구

⑤ 일관된 관점에 대한 욕구

19. 에릭슨(1902~1994)

(1) 심리 사회적 발달 8단계

① **1단계 : 유아기**(생후 1세)
기본적인 신뢰감을 형성. 그렇지 못하면 불신감을 얻게 됨

② **2단계 : 초기 아동기**(1~3세)
자율성을 형성. 그렇지 못하면 수치심과 회의를 느낌

③ **3단계 : 후기 아동기**(3~6세)
주도성을 형성. 그렇지 못하면 죄책감이 생김

④ **4단계 : 학동기**(6~12세)
근면성을 형성. 그렇지 못하면 열등감을 느낌

⑤ **5단계 : 청소년기**(12~20세)
정체감을 형성. 그렇지 못하면 혼미를 경험

⑥ **6단계 : 성인 초기**(20~40세)
친밀감을 형성. 그렇지 못하면 고립감을 느낌

⑦ **7단계 : 성인기**(40~65세)
사회적으로 생산성을 나타냄. 그렇지 못하면 자기 침체에 빠짐

⑧ **8단계 : 노년기**(65세~)
자아 통합을 못하면 절망에 빠짐

20. 모레노(1892~1974)

사이코 드라마, 심리극의 창시자. 심리극은 단순히 형식적인 연기를 하는 것이 아니기 때문에 그 속에서 자신을 자연스럽게 표현할 수 있도록 공감대(Rapport) 형성을 위한 준비 단계를 거친다.

이 단계에서 노래, 상황극, 자기 소개를 하면서 구성원들 간의 불신과 긴장의 벽을 허물 수 있다.

21. 베르트 하이머(1880~1943)

독일의 형태주의 심리학을 창시. 인간의 심리적 경험은 통일된 전체일 때 비로소 유의미해지는 것으로 추상적인 요소의 무의미한 결합에 의해 형성된 것도 아니며, 분석이 가능하더라도 그것은 이차적인 문제일 뿐이다.

따라서, 형태주의는 부분보다는 전체적인 성질이 더욱 근본적인 것이고, 중요한 것이라고 보았다. 이와 같이 한 덩어리로 조직되어 유의미한 전체를 형성하고 있는 것이 형태(Gestalt)이다.

22. 쾰러(1887~1967)

인간은 경험을 통해 학습하며, 이 과정은 비약하듯이 한 순간에 일어난다. 이 학습을 비약적인 인지과정으로 일어나는 학습이라고 해서 '통찰 학습'이라고 한다.

통찰 학습은 시행착오 학습처럼 직접적인 경험을 거치지 않고, 머릿속에서 이루어지는 간접적인 경험을 통해 인식에 도달하는 학습이다.

23. 코프카(1886~1941)

독일의 형태주의 심리학(Gestalt)을 미국에 가장 먼저 소개함.

생물도 전체적 구조를 가진 게슈탈트인데, 생물의 경우와 마찬가지로 심리적 게슈탈트도 관련 있는 여러 부분으로 나누어진다. 이것을 분절이라 부르는데 게슈탈트를 굳이 분절에 비유하면 게슈탈트는 전체 분절적이라고 할 수 있다.

24. 레빈(1890~1947)

레빈은 형태주의 흐름속에서 심리학을 연구하였으며, 그의 주된 관심사는 인간의 동기였다. 사람은 혼자 있을 때와 다른 사람과 함께 있을 때의 행동이 다르다. 사회란 하나의 커다란 장이고, 사람들은 그 속에서 서로 영향을 주고 받으며 사는 사회적 동물이기 때문이다.

25. 헵(1904~1985)

사람은 신경 세포와 신경 돌기의 총칭인 신경원이라는 신경의 기본단위를 가지고 태어난다. 신경원은 아주 무질서하고, 비조직적이다. 그런 신경원에 어린 시절의 경험과 교육은 질서를 부여하고 하나하나의 뉴런 묶음인 세포 집합체를 흥분시킨다. 학습이란 바로 이런 세포 집합체를 쌓아가는 과정이다.

사람들은 태어날 때 서로 연결되어 있지만 매우 혼란스러운 신경망을 가지고 태어난다. 이러한 신경망은 성장하면서 경험을 통해 더욱 조직화하고, 경험은 인간이 환경과 효과적인 상호 작용을 할 수 있도록 뇌구조를 체계화시켜 줌으로써 세상을 배우고, 세상에 적응하기 시작한다.

헵의 이러한 학습 이론은 신경 생리학적 학습이라고 한다.

26. 톨만(1886~1959)

'최소의 비용으로 최대의 효과를 얻는다.' 이른바 심리학에서의 경제법칙을 주장. 유기체의 행동은 최소 노력의 원리를 따른다.

27. 헐(1884~1952)

수학적 공식에 따른 선험적 원리에서 출발하여 연역적으로 가설을 수립하고 이것을 실험에 의해 검증하여 그에 따른 합당한 결과를 찾아내는 것으로 가설 연역법을 발전시켰다.

28. 스키너(1904~1990)

1984년 심리학에서는 뇌의 기능과 역할, 정보처리 등을 강조하는 인지주의 심리학 흐름이 일어나기 시작하여 인지 혁명이 일어났다. 그럼에도 불구하고 스키너의 심리학은 상당한 영향력을 갖고 있었다.

톨만과 헐에 의한 신 행동주의는 조작적 행동주의를 표방하는 스키너에 의해 결정기를 맞게 된다.

29. 빠이제(1896~1980)

아동의 정신 세계는 어른과 다름을 주장하며 유아 발달 심리학의 새로운 차원을 발견

30. 콜버그(1927~1987)

"사람은 누구나 배가 고프면 빵을 훔칠까?", "사람은 얼마나 도덕적일까?"란 명제를 놓고, 인간의 도덕적인 문제에 관심이 높았다.

31. 올포트(1897~1967)

고유 자아가 발달해야 건강한 사람이라고 주장하며, 유아부터 청년까지 7단계를 거쳐 발달한다고 하였다.

(1) 건강한 사람들의 7가지 특성

① 자아 의식이 확대되어 있다.

② 자신과 타인들의 관계를 따뜻하게 맺는다.

③ 정서적으로 안정적이다.

④ 현실적으로 지각한다.

⑤ 기술과 과업을 가지고 있다.

⑥ 자기를 객관화시킬 수 있다.

⑦ 통일된 삶의 철학을 가지고 있다.

32. 매슬로우(1908~1970)

인간의 욕구를 단계적으로 설명한 인본주의적 심리학자로 인간을 기본적으로 선하게 보았다. 인간의 잠재적 창조성을 인정하였고, 비정상적인 심리학보다는 정상인을 대상으로 한 심리학을 강조하였다.

(1) 인간의 단계별 욕구 발달 순서

생리적 욕구 ▷ 안전욕구 ▷ 소속과 애정의 욕구 ▷ 자기 존중의 욕구 ▷ 자기 실현의 욕구

33. 로저스(1902~1987)

로저스는 심리 치료에서 인본주의 운동을 최초로 창안·발전시켰으며, 연구를 선도했고, 심리학과 관련된 모든 영역에 영향력을 끼침으로써 세계적인 명성을 얻었다.

특히, 그가 창안한 내담자 중심치료는 심리상담의 기본 이론으로 이해되고 있다.

34. 머레이(1893~1988)

사람들의 심리를 측정하는 TAT(주제 통각 검사)를 개발

(1) TAT를 활용한 성취동기가 높은 사람들의 특징

① 문제를 해결하는데 개인적 책임감을 가질 수 있는 작업 조건을 좋아한다.

② 계산된 위험을 추구하는 경향이 있고, 적당한 수준의 성취 목표를 정한다.

③ 자신의 성과에 대해 명확하고 지속적인 피드백을 받아야 한다.

35. 반듀라(1925~현재)

관찰 학습을 주장함. 관찰 학습은 모델을 성공적으로 모방하게 하기 위해서는 모델에 주의를 기울여야 하고, 본 것을 상징적인 형태로 저장하는 어떤 방식이 갖추어져 있어야 하며, 행동을 재생하기 위해 필요한 운동 기술을 갖추어야 한다고 주장하였다.

2 MBTI

MBTI (Myers-Briggs Type Indicator)는 많이 알려진 성격심리테스트 중 하나이다. 주로 장점을 위주로 구분하고 있는 점이 가장 큰 특징이다.

MBTI에 대해 알아보고, 어떻게 사용해야 할지 그리고 에니어그램 결과와의 상관관계는 어떻게 되는지 알아본다.

1. MBTI의 역사

MBTI는 Myers-Briggs Type Indicator의 약자로서, 'Myers-Briggs'란 어머니와 그녀의 딸이 Jung(융)(1971)의 심리 유형에 지각과 판단 선호를 추가하였다.

2. MBTI의 4가지 선호성

우리는 MBTI가 측정하는 8개의 성격 특질 중 4개(네 쌍 중 한 쌍에서 하나씩)에 대한 신호를 갖고 태어난다고 한다. 인생의 초반부에는 강한 개성을 갖추기 위하여 선호하는 특질을 강화시킨다.

인생의 후반부에는 덜 선호하는 특질들을 강화시켜 좀 더 균형 잡히고 온전한 성격을 갖추게 된다.

예를 들어 내향형인 사람은 외향성을 개발시키고, 외향형의 사람은 좀 더 내향적인 측면을 발전시킬 수 있다.

MBTI 지표는 칼 융의 연구에 기초한 인성검사도구로 다음과 같은 4개의 척도로서 개인적 선호를 측정한다.

(1) 외향성 대 내향성(Extroversion or Introversion)

사람들이 외부세계에 관련되어 있는가, 아니면 내부세계에 더 관련되어 있는가?

① **외향** : 폭넓은 대인관계를 유지하며, 사교적이며 정열적이고 활동적이다.

② **내향** : 깊이있는 대인관계를 유지하며, 조용하고 신중하며 이해한 다음에 경험한다.

[대표적 표현]

외향	내향
자기외부에 주의집중	자기내부에 주의집중
외부활동과 적극성	내부활동과 집중력
정열적, 활동적	조용하고 신중
말로 표현	글로 표현
경험한 다음에 이해	이해한 다음에 경험
쉽게 알려짐	서서히 알려짐
외부지향적	내부지향적
외부세계에 관심	내면세계에 관심
표현적	보유적
넓이	깊이
사람들과 함께하는 작업	아이디어를 통한 작업
상호작용을 선호	집중하는 일을 선호
행동	반추
행동-사고-행동	사고-행동-사고

(2) 감각 대 직관(Sensing or Intuition)

사람들이 정보를 어떻게 인식하기를 선호하는가?

① **감각** : 오감에 의존하여 실제의 경험을 중시하며 지금, 현재에 초점을 맞추고 정확하고 철저하게 일처리한다.

② **직관** : 육감 내지 영감에 의존하며 미래지향적이고 가능성과 의미를 추구하며, 신속, 비약적으로 일처리한다.

[대표적 표현]

감각	직관
지금, 현재에 초점	미래 가능성에 초점
실제의 경험	아이디어
정확, 철저한 일처리	신속 비약적인 일처리
사실적 사건 묘사	비유적, 암시적 묘사
나무를 보려는 경향	숲을 보려는 경향
가꾸고 추수함	씨 뿌림
오감(五感)	육감(肉感), 예감
현실적인 것	있을법한 것
실제적	이론적
현재지향성	미래의 가능성
사실	통찰
기존의 기술을 사용	새로운 기술을 학습
활용가능성	새로운 것
단계(段階)	도약(跳躍)

(3) 사고 대 감정(Thinking or Feeling)

사람들이 어떻게 평가를 내리거나 결정하기를 선호하는가?

① **사고** : 진실과 사실에 큰 관심을 갖고 논리적이고 분석적이며 객관적으로 판단한다.

② **감정** : 사람과 관계에 큰 관심을 갖고 상황적이며, 정상을 참작한 설명을 한다.

[대표적 표현]

사고	감정
진실, 사실에 큰 관심	사람, 관계에 큰 관심
원리와 원칙	의미와 영향
논거, 분석적	상황적, 포괄적
맞다, 틀리다	좋다, 나쁘다
규범, 기준 중시	나에게 주는 의미 중시
지적 논평	우호적 협조
머리	마음
논리적인 체계	가치체계
객관적	주관적
정의	자비
비평	칭찬
원칙	조화
이론	공감
단호하나 공정함	동정적임

(4) 판단 대 지각(Judging or Perceiving)

사람들은 어떻게 살아가는가, 즉 조직화되고 맺고 끊는 것을 분명히 하는가 아니면 자발적이고 개방적인 것을 선호하는가?

① **판단** : 분명한 목적과 방향이 있으며 기한을 엄수하고 철저히 사전 계획하고 체계적이다.

② **지각** : 목적과 방향은 변화 가능하고 상황에 따라 일정이 달라지며 자율적이고 융통성이 있다.

[대표적 표현]

판단	지각
정리 정돈과 계획	상황에 맞추는 개방성
의지적 추진	이해로 수용
신속한 결론	유유자적한 과정
통제와 조정	융통과 적응
분명한 목적의식과 방향감각	목적과 방향은 변화할 수 있다는 개방성
뚜렷한 기준과 자기의사	재량에 따라 처리될 수 있는 포용성
계획된	자율적인
규제하는	흐름에 따르는
통제	적응
정착된	모호
인생을 주는	삶이 이끄는대로 가는
목표를 세우는	정보를 수집하는
단호하게 하는	개방된
조직화된	융통성 있는

MBTI 유형은 위의 4개의 쌍에서 각각 하나씩 선택된 4개의 대표문자가 한 유형을 이룬다. 즉 한 유형은 4개의 대표문자로 표현된다.

예를 들어 1번 쌍에서는 외향성(Extroversion), 2번 쌍에서는 감각(Sensing), 3번 쌍에서는 사고(Thinking), 4번 쌍에서는 판단(Judging)을 선호하는 사람은 각각의 대표문자가 결합된 ESTJ유형이다.

이런 방식으로 16가지의 유형이 만들어진다. 우리는 8개의 선호 모두를 사용할 수 있지만, 각 쌍마다 대개 하나의 특질이 더 많이 개발되어 있다.

3. MBTI가 측정하는 인성 특질

(1) 외향성 대 내향성 선호

사람들이 외부 세계에 관련되어 있는가, 아니면 내부세계에 더 관련되어 있는가를 다룬다.

① 외향형

㉠ 사교성이 풍부하고 능동적이며, 사람들과 어울리는 것을 편하게 여긴다.
㉡ 외부 세계에서 에너지를 얻는다.
㉢ 경험의 폭을 넓히는데 관심이 있다.
㉣ 말하고 행동하는 것을 통해 자신이 생각하고 느낀 것을 깨닫는다.
㉤ 먼저 행동하고 나중에 돌이켜본다.

② 내향형

㉠ 조용하고 반성적이며 일대일로 관계 맺기를 좋아한다.
㉡ 혼자 있음으로써 에너지를 얻는다.
㉢ 경험의 깊이에 관심이 있다.
㉣ 어떤 것을 숙고하는 과정에서 자신이 생각하고 느낀 것을 깨닫는다.
㉤ 먼저 생각해 보고 나중에 행동한다.

(2) 감각 대 직관 선호

사람들이 어떻게 정보를 받아들이거나 인식하는가를 다룬다.

① **감각형**

㉠ 자신의 오감을 통해 직접적으로 획득한 정보에 의존한다.
㉡ 실질적이고 현실적이다. 즉, 현재에 산다.
㉢ 미래의 가능성보다는 당장에 할 수 있는 것에 관심을 갖는다.
㉣ 기존에 확립된 방식으로 하나씩 하나씩 단계를 밟아 일을 처리한다.
㉤ 대개는 세부적인 것에 주의를 기울인다.

② **직관형**

㉠ 직감, 통찰, 영감을 통해 정보를 획득한다.
㉡ 가능성에 관심이 있고, 상상력과 통찰력을 사용한다.
㉢ 새로운 방식으로 일하기를 좋아하고, 정력적으로 일한다.
㉣ 큰 것에 초점을 맞추고 세부적인 것은 무시하려 든다.

(3) 사고 대 감정 선호

감각이나 직관을 통해 정보를 지각하고 나면, 자신의 사고나 감정의 선호에 따라 결론을 내리거나 결정을 한다.

① **사고형**

㉠ 결정을 내리기 위해 논리와 분석을 사용한다.
㉡ 원칙, 법칙, 절차를 중시한다.
㉢ 사사로운 것에 매이지 않으며, 객관적이고 비판적인 경향이 있다.

② **감정형**

㉠ 개인의 가치기준을 통하여 정보를 받아들인다.
㉡ 조화를 중시하여, 다른 사람을 지지해 주며 잘 공감해 준다.
㉢ 칭찬을 받으면 더 잘해나가고, 비판에 예민하다.

(4) 판단 대 지각 선호

이것은 외부세계와 관계를 맺을 때, 사람들이 그들의 생활을 어떻게 조직하는지를 측정한다. 판단형의 사람들은 끝맺음을 위해 사고나 감정을 사용해서 비교적 빨리가치 판단을 내린다. 지각형의 사람들은 감각이나 직관을 사용해서 정보를 모으느라 결론을 유보시킨다.

① **판단형**

㉠ 비교적 구조화되어 있고 효율적이다.

㉡ 계획되고 조직화된 방식으로 생활한다. 할 일의 목록을 만들고 그것에 따르는 경향이 있다.

㉢ 끝을 맺기 위하여 빨리 결정을 내리는 방향으로 밀어붙인다.

판단에 대한 선호를 갖는다는 것이 곧 '비판적'임을 의미하는 것은 아니다.

② **지각형**

㉠ 비교적 적응을 잘 하고, 융통성이 있으며 자발적이다.

㉡ 선택에 여지를 남기며, 새로운 가능성을 탐색한다.

㉢ 결정을 내리기 전에 보다 더 많은 정보를 취하려고 종결짓는 것을 미룬다.

4. MBTI 테스트 목적

① 성격이 좋고 나쁜 것이 아니라, 우리가 서로 다르다는 것을 인정함

② 변명이나 합리화를 위한 것이 아니라, 성장하기 위함

③ 창조의 공평성 : 누구에게나 장점이나 단점이 있음을 인정함

④ 비판과 편가름이 아니라, 이해하고 받아들이기 위함

⑤ 자신의 성격 특성을 이해하고, 자신의 선호하는 특성을 통해 인간 관계, 일처리 방식에 대한 이해를 갖고자 하는 것

주의 사항

MTBI 성격 테스트 결과는 자신이 어떤 사람임을 단정짓는 것이 아니라, 자신의 성격 특성을 이해하고, 자신이 선호하는 성격 특성을 알아봄으로써 인간관계, 일 처리 방식에 대한 이해를 더해서 도움을 주고자 하는 것이다.

5. MBTI 4선호성 분류

에이빗 카이어시의 '4 기질론'에 따른 분류

(1) 전통주의자 : SJ기질

① **감각적으로 판단하는 사람들 유형**

㉠ 유용해지기를 바라고, 다른 사람에게 봉사하고, 소속하기를 원한다.

㉡ 의무를 잘 이행하고, 충실하며, 양심적이다. 그들은 가족과 전통에 가치를 둔다.

㉢ 현실적이고 실질적이다. 그들은 구조적인 것과 분명히 규정된 절차를 좋아한다.

㉣ 가끔 미래에 대해 걱정한다.

㉤ 의무감과 과도한 부담을 느끼며, 당연시한다.

㉥ 관련 직업군 : 기존에 있는 기관에서 일하거나 교사, 관리자, 간호사, 설교자, 은행원, 판매인, 공무원, 가정주부로서 다른 사람에게 봉사하는 일.

② **ESTJ(외향형/감각형/사고형/판단형) 유형**

논리적이고 단호하고 효율적이며 자신의 생각을 외부로 표현한다. 책임 맡기를 원하며 능률을 중히 여긴다.

③ **ESFJ(외향형/감각형/감정형/판단형) 유형**

열정적이고 따뜻하고 말이 많고 동정적이다. 그들은 다른 사람에게 봉사하고 싶어한다.

④ **ISTJ(내향성/감각형/사고형/판단형) 유형**

㉠ 조용하고, 진지하고, 정확하며, 근면하다.

㉡ 세부사실을 중시하며 끝까지 일을 잘 처리해낸다.

⑤ **ISFJ(내향형/감각형/감정형/판단형) 유형**

㉠ 조용하면서도 다정다감하고 겸손하며, 헌신적이고, 대개는 신뢰할만하다.

㉡ 가끔 사람들 모르게 뒤에서 돕는 일을 한다.

⑥ **SJ기질의 특성**

자기 희생적, 부모 같음, 완결 지향적, 사리가 밝음, 성실함, 보수적, 요구적 책임감이 강함

⑦ **중요시하는 것**

현실적이며 실리적인 사고, 안정적 관계 구축, 일하는 것, 유용한 것이 되는 것, 모든 것을 계획하기, 저축과 투자, 양질의 상품 선별, 퇴직 후 계획, 가족과 함께 전통축제를 기념

⑧ **기대하는 것**

생활규칙, 비관적이며 심각함, 건설적인 비판, 관리가 잘되는 가정, 여가 획득, 계획적인 성관계, 명확한 가족 간의 역할, 변화나 놀라운 일이 거의 일어나지 않는 것

(2) 활동 지향형 : SP기질

① **감각적으로 지각하는 사람들 유형**

㉠ 자유와 활동하는 것을 좋아하지만, 실질적이고 현실적이다.
㉡ 낙천적이고, 관대하고, 열정적이고, 자발적이며 융통성이 있다.
㉢ '자유로운 영혼'을 지니고 있고 또 그렇게 보이기를 원하는데, 제약이나 의무, 항상 똑같이 반복되는 일을 싫어한다.
㉣ 현재에 살고 현재를 즐긴다. 그들은 장기적인 계획을 완수하는 것에는 별 흥미가 없다.

② **관련 직업군**

비행기 조종사나 소방수, 낙하산 부대원, 기업가, 분쟁 조정자나 운동선수 같은 다양성이 있고 도전적인 일을 좋아한다. 계약자, 장인, 교사, 연기자, 간호사, 보육 교사와 같은 일을 선호하기도 한다.

③ **ESTP(외향형/감각형/사고형/지각형) 유형**

㉠ 실용적이고 정력적이며, 모험이나 도전에 끌린다.
㉡ 때때로 무딘 편이며, 제멋대로 하려고 하기도 한다.

④ **ESFP(외향형/감각형/감정형/지각형) 유형**

㉠ 다정하고 편한 성격이며, 사람들과 잘 어울리고, 말이 많은 편이다.
㉡ 다른 사람을 돕는 것을 즐거워 한다.

⑤ **ISTP(내향형/감각형/사고형/지각형) 유형**

조용하고, 말이 없고, 독립적이며, 초연하며, 가끔은 호기심을 가진 방관자이다.

⑥ **ISFP(내향형/감각형/감정형/지각형) 유형**

자연스럽고, 상냥하고, 겸손하고, 충실하며, 연민이 있고, 개방적이며, 타협적이다.

⑦ **SP기질의 특성**

수긍적이며 낙천적임, 자율적임, 획기적인 것 추구, 실제적임, 관대함, 자연스럽고 꾸미지 않음, 놀기 좋아하며 경쟁적, 형제같이 우애 있음

⑧ **중요시하는 것**

재미와 오락, 활동, 생활에서의 영위, 자연스러움, 독립성, 경쟁, 각자의 삶을 존중하는 철학, 융통성

⑨ **기대하는 것**

삶에 대한 낙천적 태도, 활동적인 오락을 즐김, 휴가와 계획에 없는 여행, 단기계획, 가사 책임에 대한 최소한의 부담, 자극적이며 드라마틱한 성관계, 저축보다는 소비, 갈등의 회피 또는 탈출

(3) 지식 추구자 : NT기질

① **지식적으로 사고하는 사람들 유형**

㉠ 알고자 하는 욕구와 능력 있는 사람이 되고자 하는 욕구를 갖고 있다.
㉡ 혁신적이고 분석적이며 이론적이다.
㉢ 될 수 있는 한 상황을 전체적으로 크게 보려고 한다.
㉣ 자신에 대한 요구 수준이 높다.
㉤ 종종 권위에 도전하거나 체제를 시험해본다.

② **관련 직업군**

아이디어의 탐색가, 모델 개발가, 과학자로서 체계구축자, 철학자, 건축가, 발명가, 엔지니어, 재정안정 분석가

③ **ENTJ(외향형/직관형/사고형/판단형) 유형**

혁신적이고, 논리적이다. 또 능률적이고, 솔직하며, 단호하고, 요구가 많다. 종종 지도자가 된다.

④ **ENTP(외향형/직관형/사고형/지각형) 유형**

㉠ 열정적이고, 솔직하며, 동조적이지 않고, 혁신적이며, 재능이 많다.
㉡ 일을 끝까지 마치기가 어렵다.

⑤ INTJ(내향형/직관형/사고형/판단형) 유형

매우 독립적이고, 단호하며 개인주의적이다. 그들은 목표를 달성하기 위해 자신뿐만 아니라 다른 사람도 몰아낸다.

⑥ INTP(내향형/직관형/사고형/지각형) 유형

㉠ 이론적, 분석적이고, 호기심이 많으며 말이 없고, 통찰력이 있다.
㉡ 사고나 언어의 정교성에 가치를 두고 있고, 문제를 해결하는 것을 좋아한다.

⑦ NT 기질의 특성

㉠ 지적이며 사고중심, 창의적이며 상상적, 논리적이며 비판적이고 회의적임
㉡ 상대방의 개인적 욕구에 대한 무관심
㉢ 사회적 관계에서 객관적임
㉣ 거만하고 권위에 대해 반발하고 고집이 셈
㉤ 세부적인 것, 사실, 숫자, 이름에 대한 소홀 때때로 반사회적이고 무례하게 보여짐

⑧ 중요시하는 것

㉠ 지적, 창조적 목표 추구에 대해 구속 받지 않고 자유를 누리는 것
㉡ 자신에 대한 지적 역량, 상대방의 지적 수준
㉢ 사고와 생활의 독립, 상호작용에서 객관적이고 논리적 형태
㉣ 아이디어들, 개념들, 이론들에 대한 집착
㉤ 냉철한 도전과 논쟁(시종 몰인정)
㉥ 변화, 개발, 그리고 지적 성장에 몰두

⑨ 기대하는 것

㉠ 가정 생활과 직장 생활의 혼용
㉡ 세상의 우둔함에 대한 지속적인 비판
㉢ 신체적인 것과 마찬가지로 지적인 성관계 추구
㉣ 지식 및 사고 개발에 시간 소비
㉤ 가족이나 개개인의 안전에 대한 욕구들을 무시하거나 뒷전으로 둠
㉥ 물질적 소비에 인색, 냉정하거나 몰인정한 태도
㉦ 사랑과 친절을 표현하는데 인식 결핍

(4) 정체감 추구자 : NF기질

① **직관적으로 느끼는 사람들 유형**

㉠ 그들 자신의 독특한 정체감을 추구하고 표현한다.

㉡ 상상력이 풍부하고 통찰력이 있으며, 다른 사람들에게 가장 이해 받지 못하는 타입이다.

㉢ 따뜻하고 남을 잘 돌보아 준다. 인간관계에 자신의 많은 것을 투자한다.

㉣ 비판에 쉽게 상처 받는다.

㉤ 더 나은 세계를 만들고, 사람들 안에 있는 최상의 자질을 이끌어내는 것을 가치있게 여긴다.

㉥ 다른 사람들이 그들의 잠재력을 최대한 실현하도록 돕는 새로운 가능성을 찾는다.

② **관련 직업군**

연설이나 글쓰기 등을 통해 다른 사람에게 영감을 주고 설득하는 일이나 소설가로서의 창작, 판매원, 예술가, 배우, 상담자 등의 일

③ **ENFJ(외향형/직관형/감정형/판단형) 유형**

㉠ 열의가 있고 호기심이 많으며, 다정하다.

㉡ 동정적이고 남을 도와주며 양심적이다.

㉢ 주로 재능있는 연사나 지도자가 된다.

④ **ENFP(외향형/직관형/감정형/지각형) 유형**

㉠ 열정적이고 상상력이 풍부하며 자유분방하다.

㉡ 의사 소통과 가능성을 생각해내는데 능하다.

㉢ 열정적으로 한 가지 일을 시작하지만, 그것을 다 끝내기도 전에 다른 계획으로 넘어가는 경향이 있다.

⑤ **INFJ(내향형/직관형/감정형/판단형) 유형**

㉠ 부드럽고 조용하고 양심적이며 끈기가 있으며 다른 사람과의 조화를 추구한다.

㉡ 원칙과 이상에 대해 조용하게 밀어붙인다.

⑥ **INFP(내향형/직관형/감정형/지각형) 유형**

㉠ 말이 없고, 부드럽고, 호기심이 많고, 창의적이며 개방적이고, 이상적이다.

㉡ 독립적으로 일하기를 선호한다.

⑦ **NF기질의 특성**

㉠ 창의적, 표현적, 이상적 낭만적

㉡ 논리적이며 객관적인 문제에서조차 주관적으로 봄

㉢ 한 개인으로서 성장 지향적, 신비스런 결합체를 추구

㉣ 배우자의 한 쌍으로써, 일상에서 돈독한 관계를 만들어가는데 최선을 다함

㉤ 공감을 잘하며 이해를 잘하나 때로 과민하고 의심을 가짐

㉥ 비언어적 표현에 민감, 애정, 지지, 격려, 인정에 대해 갈망

⑧ **중요시하는 것**

㉠ 세상에 둘도 없는 인간이라고 인정하는 것

㉡ 상대방에 대한 무조건적 수용

㉢ 일상생활 속에서 표현되는 낭만적인 사랑

㉣ 두 사람만이 갖고 있는 친밀함과 질적인 시간

㉤ 영적인 관계 속에서 자신의 완전함을 추구

㉥ 상호 간의 개방적인 의사소통과 평생 성장

㉦ 일상생활 속에서의 평화와 조화

⑨ **기대하는 것**

㉠ 애칭사용, 서로의 관계에 많은 시간을 할애

㉡ 메모를 주고, 카드를 보내고 선물을 주는 것

㉢ 정신적, '합일'로서의 의미있는 성관계

㉣ 서로 간의 관계에 대한 지칠 줄 모르는 토의

㉤ 생활을 위해 소요되는 업무의 분담

㉥ 환상이 깨지는 것에 대한 불안

㉦ 마음이 흥분하면 '뜨고', 우울하면 '가라앉기'

6. MTBI의 16가지 샘플 성격 유형

사람들은 외향성(E) 혹은 내향성(I), 감각기능(S) 혹은 직관기능(N), 사고형(T) 혹은 감정형(F), 판단태도(J) 혹은 인식태도(P)에 대해 선호성을 가진다.

바꾸어 말하면 MBTI의 4가지 선호 지표는 실질적으로 8가지의 선호성을 구성하며, 그 중 4가지 선호성을 누구나 택하게 된다는 것이다.

뿐만 아니라 MBTI의 4가지 선호성이 서로 결합되어 아래의 도표와 같이 16가지의 성격유형을 이룬다. 이러한 현상은 MBTI의 4가지 선호성들이 상호 작용을 통하여 조합을 이루기 때문이다.

MBTI의 성격유형은 다음과 같이 16가지 유형으로 나타나는데, 간략한 특징만 짚어보자.

① **ISTJ형 : 세상의 소금형**
한 번 시작한 일은 끝까지 해내는 사람들

② **ISFJ형 : 임금 뒷편의 권력형**
성실하고 온화하며 협조를 잘하는 사람들

③ **INFJ형 : 예언자형**
사람과 관련된 뛰어난 통찰력을 가지고 있는 사람들

④ **INTJ형 : 과학자형**
전체적인 부분을 조합하여 비전을 제시하는 사람들

⑤ **ISTP형 : 백과사전형**
논리적이고 뛰어난 상황 적응력을 가지고 있는 사람

⑥ **ISFP형 : 성인 군자형**
따뜻한 감정을 가지고 있는 겸손한 사람들

⑦ **INFP형 : 잔다르크형**
이상적인 세상을 만들어가는 사람들

⑧ **INTP형 : 아이디어 뱅크형**
비전적인 관점을 가지고 있는 뛰어난 전략가들

⑨ **ESTP형 : 수완 좋은 활동가형**
친구, 운동, 음식 등 다양한 활동을 선호하는 사람들

⑩ **ESFP형 : 사교적인 유형**
분위기를 고조시키는 우호적 사람들

⑪ **ENFP형 : 스파크형**
열정적으로 새로운 관계를 만드는 사람들

⑫ **ENTP형 : 발명가형**
풍부한 상상력을 가지고 새로운 것에 도전하는 사람들

⑬ **ESTJ형 : 사업가형**
사무적, 실용적, 현실적으로 일을 많이 하는 사람들

⑭ **ESFJ형 : 친선 도모형**
친절과 현실감을 바탕으로 타인에게 봉사하는 사람들

⑮ **ENFJ형 : 언변 능숙형**
타인의 성장을 도모하고, 협동하는 사람들

⑯ **ENTJ형 : 지도자형**
비전을 가지고 사람들을 활력적으로 이끌어가는 사람들

7. MBTI 각 유형별 사랑(♥)하는 법

(1) ♥ ENFJ를 사랑하는 법

① 나의 의견과 감정을 표현하도록 나를 격려해 주세요.

② 당신의 반응과 감정을 나와 함께 나눠 주세요.

③ 당신이 나를 얼마나 사랑하는지 그리고 내가 당신의 삶을 풍성하게 해준 모든 것들에 대한 고마움을 표현해 주세요.

④ 나의 철학적 본성을 진정으로 알아가고 이해하도록 노력해 주세요.

⑤ 우리 집을 항상 정돈해 주세요.

⑥ 무엇보다도, 빨리 우리 사이의 조화를 회복하려는 나의 기분을 맞추어 주고 이를 위한 나의 노력을 격려해 주세요.

(2) ♥ ENFP를 사랑하는 법

① 나의 창조성과 호기심, 독창성을 인정해 주세요.

② 내가 당신에게 얼마나 의미있는 존재인지를 말해주고 내가 느끼는 정을 당신과 나누기 전에 먼저 개인적으로 처리하고 싶어하는 나에 대해 인내해 주세요.

③ 빨리 조화를 이루어 주세요.

④ 새로운 것들을 경험하고 많은 친구 관계를 지속하고 싶어하는 나의 필요를 지지해 주세요.

⑤ 나에게 결정을 빨리 내리라고 강요하지 말고 주변을 정리 정돈 하라고 잔소리 하지 마세요.

⑥ 무엇보다도, 내가 살아가면서 계속 성장하고 변화되고 많은 것들을 시도해볼 수 있도록 격려해 주세요.

(3) ♥ ENTJ를 사랑하는 법

① 과업을 기꺼이 수행하려는 솔선수범함과 나의 능력을 인정해 주세요.

② 문제를 처리할 때, 정직하고 솔직하고 감정적이지 않은 태도를 보여 주세요.

③ 먼저 내게 조언을 구하고 나서, 나의 조언에 귀 기울여 주세요.

④ 전문성을 키우고 새로운 것들에 도전해보려는 나의 필요를 지지해 주세요.

⑤ 항상 집을 잘 정리 정돈해 주세요.

⑥ 무엇보다도, 많은 면에서의 나의 유능함과 확고한 의견들을 존중해 주세요.

(4) ♥ ENTP를 사랑하는 법

① 나의 통찰력과 타고난 직관을 인정해 주세요.

② 내가 사람들과 시간을 보내고 그러한 기회가 생길 때마다 마음껏 응하도록 격려해 주세요.

③ 나의 아이디어들에 귀를 기울이고 나와 함께 자유롭게 생각을 나누어 주세요.

④ 자발적으로 여러 아이디어에 대해 토론하고 의논해 주세요.

⑤ 사소한 것에 대해 잔소리하지 말고 주변이 너무 지저분하다고 잔소리 하지 말아 주세요.

⑥ 무엇보다도, 지속적으로 새로운 것들에 도전해 보려는 나의 유능함과 필요를 존중해 주세요.

(5) ♥ ESFJ를 사랑하는 법

① 내가 당신과 우리의 가정을 기쁘게 해주고 필요를 공급하고 보살피려고 얼마나 열심히 노력하는지를 인정해 주세요.

② 질서를 유지하고 통제(관리)하기 위한 나의 의견과 필요를 존중해 주세요.

③ 나의 감정들을 지지해주고 절대 나에게 나의 가치관과 타협하라고 요구하지 마세요.

④ 내가 해준 것들에 대한 답례로, 나에게 친절하고 정중하게 대하고 배려해 주세요.

⑤ 나의 반복적인 일상생활을 혼란케 하거나, 너무 많은 변화와 혼동을 일으키지 마세요.

⑥ 무엇보다도, 진실하게 그리고 자주 감사를 표현해주고 헌신하는 모습을 보여주세요.

(6) ♥ ESFP를 사랑하는 법

① 나의 열성적이고 여유로운 본성을 인정해 주세요.

② 나와 재미있는 시간을 보내요. 내가 그때 그때 제안하는 새로운 일들을 시도하세요.

③ 나의 이야기를 들을 때, 나를 격려해 주고 판단하지 말아 주세요.

④ 문제에 대해 의논할 때, 부드럽지만 명확한 태도로 얘기해 주세요.

⑤ 나의 자유를 제한하지 말고 내가 빨리 결정을 내리도록 강요하지 마세요.

⑥ 무엇보다도, 당신의 감정을 표현하고 당신이 내가 당신을 풍요롭게 해준 많은 것들에 감사하고 있음을 알려주세요.

(7) ♥ ESTJ를 사랑하는 법

① 내가 신뢰할만하고 책임감이 강함을 인정해 주세요.

② 나의 의견을 존중하고 내가 하는 조언에 귀 기울여 주세요.

③ 당신과 우리 가족을 위한 나의 헌신과 열심히 일하는 모습을 알아주고 인정하고 감사해 주세요.

④ 문제들을 의논할 때 정직하고 솔직하고 명확하게 얘기해 주세요.

⑤ 나의 반복적인 일상 생활에 혼란을 일으키지 말고 집안을 깨끗이 정돈해 주세요.

⑥ 무엇보다도, 최대한 책임을 다하고 통제(관리)하려는 나의 욕구를 존중해 주세요.

(8) ♥ ESTP를 사랑하는 법

① 나의 즐겁게 사랑하는 방식과 높은 사회성을 인정해 주세요.

② 내가 자발적으로 행동할 수 있도록 그리고 나의 충동들을 따르도록 격려해 주세요.

③ 문제들을 의논할 때, 솔직하고 정직하고 감정적이지 않은 태도로 얘기해 주세요.

④ 자유롭고 싶어하는 나의 필요를 존중해 주세요.

⑤ 내가 준비가 되기 전에 감정적인 문제에 대해 얘기하도록 강요하지 마세요.

⑥ 무엇보다도, 나와 재미있는 시간을 보내고 내가 제안하는 새로운 일들에 함께 참여해 주세요.

(9) ♡ INFJ를 사랑하는 법

① 나의 독창적인 전망(VISION)과 많은 창조적 아이디어들을 인정해 주세요.

② 내 안의 깊은 신념과 가치관에 대해 존중해주세요.

③ 당신의 감정을 나와 함께 나누고 당신의 의견을 표현해 주세요.

④ 나의 관심사와 열정을 깊이있게 추구할 수 있도록 홀로 있을 시간을 주세요.

⑤ 우리 집을 항상 정돈해 주세요.

⑥ 무엇보다도, 나의 영감을 신뢰하고 내가 꿈을 실현할 수 있도록 격려해 주세요.

(10) ♡ INFP를 사랑하는 법

① 나의 독창성과 감수성을 인정해 주세요.

② 나의 이야기를 들을 때, 인내심있게 들어주고 격려해 주세요.

③ 나의 사생활(Privacy)과 감정적 친밀감에 대한 욕구를 존중해 주세요.

④ 당신의 말과 행동으로 안심시키고 부드럽게 대해주세요.

⑤ 결정을 너무 빨리 내리도록 강요하지 말고 정돈되지 않은 것에 대해 잔소리하지 말아 주세요.

⑥ 무엇보다도, 나의 감정을 존중하고 절대 나에게 가치관을 타협하라고 요구하지 마세요.

(11) ♡ INTJ를 사랑하는 법

① 나의 이야기를 들을 때, 경청하고 존중하는 태도를 보여주세요.

② 나의 유능함과 창조성을 인정해 주세요.

③ 내가 관심사를 깊이있게 추구할 수 있도록 충분한 사생활(Privacy)과 혼자만의 시간을 주세요.

④ 내가 준비가 되기 전에 나의 감정을 나누라고 강요하지 마세요.

⑤ 당신이 필요로 하는 것에 대해서 정직하고 솔직하게 얘기해 주세요.

⑥ 무엇보다도, 내가 내 기준에 따라 삶을 살아가도록 나의 독립성과 그에 대한 나의 필요를 존중해 주세요.

(12) ♡ INTP를 사랑하는 법

① 나의 사생활과 독립심을 존중해 주세요.

② 나의 유능함과 풍부한 아이디어들을 인정해 주세요.

③ 내가 홀로 시간을 보낼 수 있도록 격려해 주세요.

④ 내가 준비가 되기 전에 얘기를 너무 많이 하지 말고, 감정적인 대화를 하라고 강요하지 마세요.

⑤ 정돈되지 않은 것에 대해 그리고 마감일을 지키라고 잔소리하지 말아 주세요.
⑥ 무엇보다도, 내가 나의 관심사를 깊이 추구할 공간과 사물에 대해 깊이 생각해 볼 시간을 많이 주세요.

(13) ♡ ISFJ를 사랑하는 법

① 내가 가정을 따뜻하고 편안한 곳으로 만들기 위해 하는 많은 것들(크든 작든)을 인정해 주세요.
② 삶에 대한 나의 상식과 실용적이고 안정적인 접근방식을 인정해주세요.
③ 나에게 경청하고 나의 말을 존중해 주세요. 내가 반응하길 기대하기 전에 사물에 대해 생각할 시간을 주세요.
④ 내가 홀로 시간을 보내거나 단지 당신과 함께 있고자 하는 나의 필요를 존중해 주세요.
⑤ 나의 감정을 민감하게 알아차리고 내가 방어하도록 강요하지 마세요.
⑥ 무엇보다도, 우리 가정의 필요를 채워주기 위한 나의 고된 노력과 약속을 이행하는 모습에 주목하고 인정해 주세요.

(14) ♡ ISFP를 사랑하는 법

① 내 이야기를 들을 때, 인내심있게 들어주고 격려해 주세요. 그러한 모습이 내가 나의 생각을 편안한 마음으로 얘기할 수 있게 해준답니다.
② 나의 상냥한 태도와 타인을 돌보는 본성과 단순한 것에서 기쁨을 알 수 있게 해주는 능력을 인정해 주세요.
③ 당신의 사랑과 애정을 자유롭게 그리고 자주 표현해 주세요.
④ 사려깊은 행동을 통해 당신의 헌신됨을 보여주세요.
⑤ 정돈하라고 잔소리하지 말고 결정을 빨리 내리라고 강요하지 말아 주세요.
⑥ 무엇보다도, 당신이 나를 사랑한다는 것을 내가 그런 것처럼 정확히 보여주세요.

(15) ♡ ISTJ를 사랑하는 법

① 삶에 대한 나의 상식과 실용적이고 안정적인 접근방식을 인정해주세요.

② 반복적인 일상과 질서에 대한 나의 필요를 존중해 주세요. 특히, 갑작스런 변화는 피해 주세요.

③ 나의 말에 경청하고 존중해 주세요.

④ 문제를 의논할 때, 침착하고 정직하고 명확한 태도로 얘기해 주세요.

⑤ 문제를 의논하기 전에 그것들에 대해 생각해 볼 많은 시간을 주세요.

⑥ 무엇보다도, 우리 가정의 필요를 채워주기 위한 나의 고된 노력과 약속을 이행하는 모습에 주목하고 인정해 주세요.

(16) ♡ ISTP를 사랑하는 법

① 침착하고 신속하게 문제를 해결하는 나의 능력을 인정해 주세요.

② 내 이야기를 들을 때, 인내심을 가지고 판단하지 않는 모습으로 들어주세요.

③ 내가 나의 충동을 따르고 나의 세계를 탐구하기 위한 많은 공간과 자유를 주세요.

④ 나에게 정리하라고 잔소리하지 말고 내가 빨리 결정을 내리도록 강요하지 말아주세요.

⑤ 나와 재미있는 시간을 보내고 내가 제안하는 새로운 활동에 대해 개방적인 태도를 보여주세요.

⑥ 무엇보다도, 내가 준비되기 전에 감정을 표현하고 반응을 보이도록 강요하지 마세요.

8. MBTI 유형별 연애(♥)시 주의할 점

(1) ♥ 내향-오감-사고-판단(ISTJ)

신중하고 조용하며 집중력이 강하고 매사에 철저한 당신. 구체적, 체계적, 사실적, 논리적, 현실적인 성격을 띠고 있으며, 신뢰할만한 모범생 스타일입니다.

하지만, 연애를 할 때는 아기자기한 재미가 있어야 하지요. 성실한 것도 좋지만, 이제부터는 그(그녀)를 즐겁게 하는 유머감각도 키워보세요.

(2) ♥ 내향-오감-감정-판단(ISFJ)

조용하고 친근하며 양심이 바른 당신. 맡은 일에 헌신적이며 계획에 맞는 추진력이 집단에서나 인간관계에서나 안정감을 주는 사람이군요.

하지만, 지나친 배려와 친절은 자신을 힘들게 할 뿐만 아니라, 상대를 피곤하게 할 수도 있습니다. 그(그녀)와 조금은 심리적 거리를 두는 연습을 해보세요. 살기가 훨씬 편해집니다.

(3) ♥ 내향-직관-감정-판단(INFJ)

조용하며 인내심이 많고 독창적인 당신. 맡은 일에 최선을 다하며 자신의 옳다고 생각한 일에는 확고부동한 고집이 있는 사람입니다.

마음을 읽는 데도 탁월한 능력이 있어 사람들을 감화시키는 능력이 있습니다.

하지만, 지나치게 내적 세계만 추구하는 경향이 있어서 세속적인 방식의 사랑에는 좀 둔한 편이군요. 플라토닉은 이제 그만 둘 때도 되었지요?

(4) ♥ 내향-직관-사고-판단(INTJ)

말없이 자신의 목표를 확고부동하게 추진해가는 당신. 독창적인 아이디어로 전략과 정책을 짜는데 능한 사람입니다. 약간 회의적이기도 하지만, 독립적이고 인내심이 강합니다.

하지만, 당신의 지나친 확고함은 그(그녀)에게 '가까이 하기엔 너무 먼 당신'이라는 느낌을 주기도 합니다. 마음의 긴장을 풀고 조금 더 자신을 개방해 보세요.

(5) ♥ 내향-오감-사고-인식(ISTP)

조용하고 차분하지만, 내적으로 자유로움을 추구하는 당신. 인간관계에는 큰 관심이 없지만, 지식면에서는 호기심도 많고 논리적이며, 매우 이성적인 사람입니다.

그(그녀)를 사랑하면서도 표현을 잘 못해서 오해를 받고 있군요. 연애는 논리보다는 감성이 오가는 공간입니다. 조금은 낯이 간지러워도 적극적으로 사랑을 표현해 보세요.

(6) ♥ 내향-오감-감정-인식(ISFP)

말없이 다정하고 자기의 능력을 뽐내지 않는 당신. 자신의 가치와 의견을 남에게 강요하지 않고 남을 조용히 배려하는 정말로 마음이 따뜻한 사람이군요.

하지만, 그(그녀)에게 자신의 요구를 조금 더 적극적으로 드러낼 필요가 있어요. 그렇지 않으면 결국 당신도 상처 받고, 그(그녀)도 당신이 원하는 것이 무엇인지 몰라서 차츰 불만을 가지게 됩니다.

(7) ♥ 내향-직관-감정-인식(INFP)

겉으로는 온화해 보이지만 마음속 깊이 불같은 정열을 간직한 당신. 누가 뭐래도 남과 다른 '나'를 추구하는 자아 정체감이 뚜렷한 사람입니다. 당신이 좋아하는 비유적인 표현이 가끔씩은 그(그녀)의 마음속 핵심을 찔러버려서 본의 아니게 상처를 주기도 하는군요.

그것만 조심하면 당신은 만인의 낭만적인 연인이 될 수 있는 멋진 사람입니다.

(8) ♥ 내향-직관-사고-인식(INTP)

조용하고 과묵하며, 자신만의 거대한 지적 세계를 구축하고 있는 당신. 논리와 분석에 강하며 자기가 좋아하는 분야에 있어서는 전문가적인 식견이 뛰어난 사람입니다.

하지만, 사회성은 지금보다 더 좋아질 필요가 있을 것 같군요. 당신의 천재적인 식견에 반한 그(그녀)가 이제는 주변의 사람과도 사교를 잘하는 당신을 보고 싶어 하니 말입니다.

(9) ♥외향-오감-사고-인식(ESTP)

만능 스포츠맨에 친구와의 만남을 대단히 즐기는 당신. 현실의 문제를 해결하는 능력이 뛰어나고 사람들 사이에 다리를 잘 놓는 협상가적 기질이 있습니다.

유머 감각도 있고, 사교성도 좋아서 그(그녀)를 언제나 즐겁게 만들어주지만, 그(그녀)에게만 집중하는 타입은 아니라서 가끔씩 외롭게 만들기도 하는군요. 그(그녀)에게 당신의 사랑을 확신시켜 주세요.

(10) ♥ 외향-오감-감정-인식(ESFP)

사교적이고 친절하며 사람들을 즐겁게 만드는 재주를 가진 당신. 연예인의 기질을 타고난 매력적인 사람입니다.

하지만, 타인에게 베푸는 지나친 친절은 그(그녀)의 오해를 불러일으켜서 큰 싸움으로 번지기도 하는군요. 그(그녀)와 함께 있을 때는 오직 그(그녀)에게만 친절을 베푸는 지혜로운 자세를 가지도록 하세요.

(11) ♥ 외향-직관-감정-인식(ENFP)

따뜻한 성품에 재능이 많고 상상력이 풍부한 당신. 관심있는 일이라면 어떤 일이든 척척 해내는 만능 재주꾼입니다. 가만히 있어도 사람들이 모여드는 인기있는 당신은 그래서 그(그녀)의 질투심을 불러일으키기도 하는군요.

하지만, 당신은 한 사람에게 마음을 정하면 순수하게 그(그녀)만을 바라보는 의리도 있으니 크게 걱정할 필요는 없을 듯 하네요.

(12) ♥ 외향-직관-사고-인식(ENTP)

안목이 넓고 다방면에 관심이 많은 당신. 새로운 일을 시도하고 추진하려는 의욕에 넘치는 에너자익한 사람입니다. 반면에 일상적인 일을 간과할 때가 많아 자칫 게으르다는 핀잔도 듣는군요.

이성에 대한 기준이 높아서 '바로 이 사람'을 찾아 헤매기도 하는데, 조금은 눈을 낮출 필요가 있지 않을까요? 돌아보면 완벽한 그 사람은 '신'밖에 없거든요.

(13) ♥ 외향-오감-사고-판단(ESTJ)

현실적이고 실용적인 일에 관심이 많은 당신. 활동을 조직화하고 주도하기를 좋아해서 보스 기질이 있는 사업가형입니다. 사랑에 있어서도 독점욕이 강한 편이라 상대방이 조금은 숨막혀 할 때가 있군요.

그(그녀)를 조금은 자유롭게 해주세요. 그래야 그녀가 당신의 곁에서 오래오래 사랑을 속삭여줄 수가 있답니다.

(14) ♥ 외향-오감-감정-판단(ESFJ)

마음이 따뜻하고 감성이 오가는 대화를 좋아하는 당신. 가방 속에 항상 사람들에게 나눠줄 사탕을 넣고 다닐 정도로 남에게 친절과 사랑을 베푸는 데 탁월한 능력을 발휘하는 사람입니다.

하지만, 친절을 베풀 때는 그(그녀)가 그것을 몰라줄 수도 있다는 생각을 해보세요. 그러면 당신이 상처받는 일이 훨씬 줄어들 것입니다.

(15) ♥ 외향-직관-감정-판단(ENFJ)

언변이 좋고 사교적이며, 맡은 일에 대한 책임감이 강한 당신. 상상력도 풍부하고 일에 대한 계획을 능수능란하게 추진하는 능력이 있습니다.

하지만, 사람들의 감정에 지나치게 예민해서 스스로 상처받는 경우가 많군요. 사람들과의 관계에 조금은 객관적인 시각을 유지할 필요가 있습니다. 아무리 사랑해도 똑같은 '한'사람이 될 수는 없으니까요.

(16) ♥ 외향-직관-사고-판단(ENTJ)

솔직 단호하고 공정하며 통솔력이 있는 당신. 대중 연설과 같이 추리와 지적 담화가 필요한 일에 능한 타고난 지도자형입니다.

특히, 업무에서 탁월한 능력을 발휘하는 당신은 약간의 워커홀릭적인 기질도 있군요. 그러나 연애는 일과는 다릅니다.

공정함의 잣대는 업무에서 쓰시고, 그(그녀)에게는 조금 더 부드럽고 너그럽게 대해 주세요.

참고문헌

1. 영화 속 미용경영학 (2011년 / 훈민사 / 이범식, 전소현)
2. 실전 뷰티 경영학 (2013년 / 구민사 / 이범식, 김미정, 원설아)
3. 논문 '참숯을 이용한 두피 관리 및 탈모 개선에 관한 연구' (2004년 / 이범식)
4. 논문 '스파 관리가 여성의 체형 변화에 미치는 영향' (2004년 / 전소현)
5. 7가지 보고의 원칙 (2011년 / 황금사자 / 남충희)
6. (주)뷰쎄 제오헤어 2012 교육 매뉴얼
7. (주)뷰쎄 프랑크프로보 2012 교육 매뉴얼
8. 회사에서 통하는 커뮤니케이션 (2010 / 위즈덤 하우스 / 조세형)
9. 21세기를 빛낸 심리학자 (학지사 / 최창호)
10. 당신의 속마음 (마음산책 / 하지현)
11. 정글만리1, 2, 3 (2013년 / 해냄 / 조정래)
12. 일 잘하는 사람의 커뮤니케이션 (2010 / 쌤앤파커스 / 윌리엄 장)
13. 기사 작성론 (2006년 / 커뮤니케이션북스 / 이현구)
14. 맥킨지식 문제해결 로직트리(2009년 / 도서출판 어드북스 / 이호철)
15. 정의란 무엇인가? (김영사 / 마이클 샌델)
16. 나쁜 보스 : 나를 키우는 독종 (2010년 / 위즈덤 하우스 / 최경준)
17. 숫자의 비밀 (2004년 / 도서출판 다시 / 오토베츠)
18. 2013 오송 화장품, 뷰티세계박람회 안내 메거진
19. 인간 커뮤니케이션, 비서구적 관점 (2008년 / 커뮤니케이션북스 / 김민선)
20. 라이프 트렌드 (2013년 / 부키 / 김용섭)
21. 아프니까 청춘이다 (2010년 / 쌤앤파커스 / 김난도)
22. 강용석의 직설 (2013년 / 미래지향 / 강용석)
23. 스티브잡스 프레젠테이션의 비밀 (2010년 / 도서출판 일빛 / 카민 갤로)
24. daum cafe://이범식의 뷰티경영사관학교

저자 약력

이범식 건국대학교 산업대학원 향장미용학과 교수
daum cafe://이범식의 뷰티경영사관학교

전소현 신구대학교 피부미용과 교수

미용 상담 심리 마케팅

초 판 인쇄 | 2013년 9월 1일
초 판 발행 | 2013년 9월 5일
개정1판 발행 | 2016년 10월 15일

저 자 | 이범식·전소현
발행인 | 조규백
발행처 | **도서출판 구민사**
(07299) 서울특별시 영등포구 당산로 2길 12, 1004호
전 화 | (02) 701-7421(~2)
팩 스 | (02) 3273-9642
홈페이지 | www.kuhminsa.co.kr

등 록 | 제14-29호 (1980년 2월 4일)
I S B N | 979-11-5813-222-4 [93150]

값 23,000원